智能产品设计与制作
——机器人创新设计实践

主 编 刘馨芳 殷晓飞 赵燕燕
参 编 胡建霞 张 丹 刘 辉

北京理工大学出版社
BEIJING INSTITUTE OF TECHNOLOGY PRESS

内 容 提 要

本书内容分为上、中、下三篇，共四个项目。项目 1 为机器人创新设计认知，帮助学生了解机器人创新的基本概念；项目 2 为入门级机器人创新设计，引导学生在实践中掌握机器人的基本原理和操作技能；项目 3 为机器人创新设计的进阶实践，让学生深入了解机器人相关技术，探索更复杂的设计和应用；项目 4 为机器人创新设计的高级实践与探索，通过开展复杂的项目，培养学生的技术创新能力和团队协作能力。

本书是一本涉及智能产品创新实践中机器人创新设计的技能实践内容的教材，可作为高等院校电气自动化、工业机器人技术、机电一体化技术等专业课的教材。

图书在版编目（CIP）数据

智能产品设计与制作：机器人创新设计实践 / 刘馨芳，殷晓飞，赵燕燕主编 . -- 北京：北京理工大学出版社，2023.11

ISBN 978-7-5763-3232-2

Ⅰ . ①智… Ⅱ . ①刘… ②殷… ③赵… Ⅲ . ①机器人－设计－高等学校－教材 Ⅳ . ① TP242

中国国家版本馆 CIP 数据核字（2023）第 244380 号

责任编辑：王梦春		文案编辑：辛丽莉	
责任校对：周瑞红		责任印制：王美丽	

出版发行 / 北京理工大学出版社有限责任公司

社　　址 / 北京市丰台区四合庄路 6 号

邮　　编 / 100070

电　　话 / （010）68914026（教材售后服务热线）
　　　　　（010）63726648（课件资源服务热线）

网　　址 / http：//www.bitpress.com.cn

版 印 次 / 2023 年 11 月第 1 版第 1 次印刷

印　　刷 / 河北鑫彩博图印刷有限公司

开　　本 / 787 mm × 1092 mm　1/16

印　　张 / 13.5

字　　数 / 337 千字

定　　价 / 65.00 元

本书是为高等院校电气自动化、工业机器人技术、机电一体化技术等专业的学生量身打造的一本关于智能产品创新实践中机器人创新设计的技能实践教材。本书的目标是引导学生通过实践项目，培养创新思维和实践能力。

本书内容分为上、中、下三篇，共四个项目。项目1为机器人创新设计认知，帮助学生了解机器人创新的基本概念；项目2为入门级机器人创新设计，引导学生在实践中掌握机器人的基本原理和操作技能；项目3为机器人创新设计的进阶实践，让学生深入了解机器人相关技术，探索更复杂的设计和应用；项目4为机器人创新设计的高级实践与探索，通过开展复杂的项目，培养学生的技术创新能力和团队协作能力。

本书在内容的组织与安排上具有以下特点。

1. 采取全过程设计方式

书中的实践项目涵盖了设计、制造、调试和优化等全过程。学生在完成实践任务的过程中，不仅需要进行理论上的设计和计算，还需要进行实际的制造和调试。这种全过程设计的方式能够帮助学生将理论知识与实际运用相结合，提高其实践能力和创新意识。

2. 运用综合评价体系

本书采用综合评价体系对学生的能力进行评估，不仅考查学生的理论知识掌握程度，还注重评价学生的设计能力、制造技术、团队协作能力等。这种综合评价方式，能够更全面、更客观地体现学生的综合素质和学习成果。

3. 采用新形态组织形式

本书采用工作手册式、融媒体的组织形式，学习内容可以根据实际需求进行灵活组合和调整，使教学内容更加贴近实际应用。同时，学生可以根据自己的学习进度和兴趣自由选择学习内容，因而其学习具有针对性，这有助于提高其学习的主动性。

本书由刘馨芳、殷晓飞、赵燕燕担任主编，胡建霞、张丹、刘辉参与编写，具体编写分工为项目2的任务2.2～任务2.7由刘馨芳编写；项目1的任务1.1、任务1.2由张丹编写；项目1的任务1.3、任务1.4和项目2的任务2.1由胡建霞编写；项目3由殷晓飞编写；项目4由赵燕燕编写。全书由刘馨芳和机器时代（北京）科技有限公司刘辉负责统稿。

编写本书时，编者查阅和参考了众多文献资料，从中得到了许多教益和启发，在此向参考文献的作者致以诚挚的谢意。编者所在单位有关领导和同事也给予了很多支持和帮助，在此一并表示衷心的感谢。

限于编者水平，书中难免存在不妥之处，恳请读者提出宝贵意见，以便今后修订和完善。

编　者

CONTENTS 目 录

上篇 基础入门篇

中篇 进阶实践篇

下篇　高级实践与探索

上 篇
基础入门篇

项目 1　机器人创新设计认知

项目概述

　　机器人创新设计认知包括机器人创新设计概述、机械零件基础认知和电子模块简介。本项目旨在帮助学生了解机器人创新设计的概念和趋势，掌握机械零件及电子模块的基础知识。学生将深入理解学习机器人设计的重要性和面临的挑战，掌握机械零件的使用方法和机械设计原则，并了解选择和使用电子模块来实现机器人功能的基本技巧。通过本项目的学习，学生将具备设计具有一定功能性和智能性机器人系统的基础能力。

知识脉络

机器人创新设计认知
- 机器人创新设计概述
  - 机器人创新设计相关内容
  - 机器人的定义
  - 机器人的分类
    - 按功能分类
    - 按外形和结构分类
    - 按控制方式分类
    - 按应用领域分类
  - 机器人创新设计方法
- 机械零件基础认知
  - 机械零件简介
  - 组装工具的使用
  - 典型的组装机构示图
- 电子模块简介
  - 主控板简介
  - Bigfish扩展板简介
  - 传感器简介
  - 软件工具及安装编程环境

任务 1.1　机器人创新设计概述

学习目标

知识目标

了解机器人创新设计的基本概念和意义；

了解机器人的分类方法；

理解机器人在不同领域中的应用和发展趋势；

熟悉机器人的创新设计方法和流程。

能力目标

能够阐述机器人创新设计的概念和重要性；

能够描述机器人在不同领域中的应用和发展趋势；

能够理解机器人创新设计对社会发展和人类生活的影响。

素质目标

培养创新思维和创造力，能够提出独特的和有价值的机器人创新设计；

培养解决问题和分析问题的能力，能够识别和解决机器人创新设计中的技术和工程问题；

培养沟通和表达能力，能够清晰地向他人展示和解释机器人创新设计的思路和成果。

任务描述

组建一支3～4人的机器人创新设计团队，并为自己的团队起名字，设定口号，设计队徽；观看往届机器人创新设计竞赛中有关作品介绍的视频，选择一个自己较感兴趣的作品，说明其优点与不足，并给出改进方案。

引导问题

1. 你对机器人有什么了解？根据你的理解，你认为什么样的设备可以称为机器人？

2. 你认为机器人的创新设计有什么意义和重要性？

3. 在你的理解中，有哪些方法或策略可以用来进行机器人的创新设计？

知识点拨

1.1.1 机器人创新设计相关内容

机器人创新设计是指在机器人领域中，通过采用新颖的思维和方法，提出具有创新性和独特性的机器人概念、功能和技术，并将其转化为可实施、可应用的实际产品或系统的过程。

机器人创新设计涵盖了从机器人的整体概念设计、机械设计、电子设计，到软件系统设计和人机交互设计等多个层面。在机器人创新设计中，以下几个方面是值得关注的。

（1）功能与应用创新。通过思考和想象，提出新颖的机器人功能和应用场景，探索机器人在不同领域的应用潜力，如基于机器人的辅助医疗、智能制造、无人配送等。

（2）机械结构创新。通过采用新型材料、结构和机制，设计和实现具有高度灵活性、适应性、安全性和可靠性的机器人身体结构，如软体机器人、模块化设计、柔性关节等。

（3）传感与感知创新。采用先进的传感器和感知技术，使机器人能够准确感知和理解周围环境，提高机器人在不同任务和场景中的适应性和智能性，如视觉识别、声音识别、力触觉等。

（4）控制与规划创新。通过采用新型的控制算法和规划方法，实现机器人的高效、精确和自主的运动控制和路径规划。例如，运动学与动力学控制、自适应控制、智能规划等。

（5）人机交互与界面创新。设计人机交互界面和交互机制，使人类能够与机器人进行自然、友好和高效地交互，如语音识别、手势识别、虚拟现实等。

机器人创新设计的目标是通过创新思维、技术突破和实践应用，推动机器人的发展和应用，为社会和人类生活带来更多的益处和便利。

1.1.2　机器人的定义和分类

1. 机器人的定义

机器人是指能够感知、决策和执行任务的自动化设备或机械系统。它们可以通过感知环境、理解任务要求、做出决策并执行相应动作来与环境互动。

2. 机器人的分类

机器人的分类非常广泛，每种分类都反映了机器人设计和应用的不同方面。以下是对一些主要机器人分类的介绍说明。

（1）按功能分类。

1）工业机器人。这是最常见的机器人类型，完成工厂和生产线上的自动化任务。工业机器人通常由多个关节和机械臂组成，能够进行精确的操作，如装配、焊接、搬运、喷涂等。它们使生产过程更高效、更快速和更准确。

2）服务机器人。服务机器人专门设计用于提供各种服务和支持。它们可以在家庭、医疗、酒店、商业和其他领域执行任务，如清扫、照料、导航、接待、助力援助等。服务机器人的目标是为人们提供便利，提高生活质量和工作效率。

3）军事和安全机器人。这种机器人主要用于执行军事任务和危险环境中的安全操作。它们可以进行侦察、爆炸物处理、边境巡逻、危险物品处理等任务。军事和安全机器人的使用可以减少人员伤亡风险，并提供更高的效率和精确度。

（2）按外形和结构分类。

1）人形机器人。这种机器人模仿人类的外形和动作，通常具有类似人类的头、手、腿等结构。人形机器人被设计用于与人类进行交互，可以进行类似人类的操作和动作，如走路、举起物体、表情等。它们被广泛用于社交、娱乐、教育和医疗等领域。

2）轮式机器人。这种机器人使用轮子或履带进行移动，适用于平面地面移动。轮式机器人可以在室内和室外环境中自由移动，执行任务，如巡航、送货、运输等。它们通常具有较高的机动性和适应性。

3）足式机器人。这种机器人模仿动物或虫类的行走方式，具有多足或多腿结构。足式机器人可以在复杂地形和非结构化环境中移动和操作，如在山区、灾区及恶劣天气条件下执行任务。它们通常具有更好的适应性和稳定性。

4）飞行机器人。这种机器人具有飞行能力，如无人机和飞行器。飞行机器人可以在空中进行巡航、侦察、拍摄等任务。它们被广泛应用于航空、农业、测绘、应急救援和科学研究领域。

（3）按控制方式分类。

1）自主机器人。这种机器人具备感知和决策能力，能够自主地执行任务。自主机器人可以通过感知周围环境，分析场景，做出决策，并执行相应的动作。它们被广泛用于各种领域，如工业自动化、服务机器人、医疗辅助、军事任务等。

2）遥控机器人。这种机器人通过远程操控来执行任务，由人类操作员控制。遥控机器人通常用于危险环境、远距离操作或环境要求更高的人类干预的任务。例如，使用遥控机器人进行危化品处理、核辐射清理等任务。

3）协作机器人。这种机器人能够与人类进行合作和协同工作。它们可以通过感知人类的行为和意图，与人类协同完成任务。协作机器人常用于工业装配、仓储物流、医疗手术等领域。协作机器人能够提高工作效率，减轻人类的工作负担，并确保工作安全性。

（4）按应用领域分类。

1）医疗机器人。这种机器人用于医疗手术、康复和辅助治疗等领域。例如，手术机器人能够实现微创手术，提高手术精确度和患者安全性。康复机器人用于帮助恢复运动功能，如康复训练和康复辅助设备。辅助治疗机器人可用于提供生活辅助和照料服务。

2）农业机器人。这种机器人用于农田作业、种植、收割等农业任务。农业机器人可以自动化完成耕种、种植、喷施、采摘等任务，提高农业生产效率和质量。它们可以在不同的气候和地形条件下工作，有助于解决劳动力不足和减轻工作负担的问题。

3）教育机器人。这种机器人用于教育和培训领域，帮助学习和知识传递。教育机器人可以提供个性化的教学和学习体验，如编程教育机器人、交互式学习机器人等。它们可以激发学习兴趣，增强学习效果，并提供反馈和指导。

4）探险和救援机器人。这种机器人用于勘探、搜救和救援任务，适应危险环境。探险机器人可以在极地、深海、外太空等极端环境中进行探索和研究，收集信息和数据。救援机器人可以在灾难、紧急情况下提供帮助和支持，如火灾救援、地震救援等。

机器人分类及技术

机器人的广泛应用正在改变我们的生活和工作方式。随着技术的不断进步和创新，机器人的种类和应用领域将继续扩大和丰富，为人类创造更多的便利、效率和安全。

1.1.3　机器人创新设计方法论

创新的设计方法论是一套有系统性和创造性的方法论，用于引导和促进创新设计活动。

以下是创新的设计方法论的概述。

1. 创新设计活动的三个基本特性

(1)约束性。设计是在多种因素的限制和约束下进行的，这些限制和约束因素包括技术、资金、工期等的状况和水平，需求方提出的特定要求和条件，环境、法律、社会心理、地域文化的制约。

(2)多解性。解决同一个问题的方法是多种多样的，要达到一定目的的设计方案通常也不是唯一的。作为技术设计系统，其分功能的组合、尺寸的确定结构形式的设想等都有很强的可选择性，因此，思维活动的空间是很大的。

(3)相对性。设计结论或结果都是相对准确的，而不是绝对完备的。设计者经常处于一种相对矛盾的问题情境之中，如既要降低成本又要增加安全性、可靠性，既要满足近期要求又要照顾长远发展，既要功能全又要体积小等，因此，设计者在对设计方案的选择和判定时只能做到在一定条件下的相对满意和最佳。

2. 创新流程

机器人创新设计是一个复杂而有挑战性的过程，需要综合考虑用户需求、技术可行性、市场竞争等因素。以下是机器人创新设计的一般过程，包括需求分析、创意生成、概念设计、原型开发、测试和反馈、改进和优化、推广和营销等阶段。

(1)需求分析阶段。在机器人创新设计的过程中，需要深入了解目标用户的需求和问题。这可以通过市场调研、用户访谈、问卷调查等方法进行，通过与用户的互动，了解用户的痛点和期望，收集用户对机器人功能、形态、交互方式等方面的意见和反馈。

(2)创意生成阶段。在需求分析的基础上，进行创意生成。可以使用头脑风暴、设计思维等方法，产生各种可能的机器人创新设计方案。通过自由讨论和思维碰撞，尽可能多地生成创意方案。

(3)概念设计阶段。在创意生成的基础上，选择最具潜力的创新方案，并进行概念设计。这包括确定机器人的基本功能、外观形态、交互方式等方面的设计。可以使用手绘草图、3D建模等进行概念设计，以便更好地展现设计理念。

(4)原型开发阶段。在概念设计确定后，进行原型开发。可以利用物理模型、虚拟模型、仿真软件等工具来制作机器人的原型。原型可以是一个简单的模型或是一个功能完备的机器人，用来测试和验证设计的可行性。

(5)测试和反馈阶段。在原型开发完成后，进行测试和用户反馈收集。将原型交给真实用户使用，并收集用户的反馈和体验。通过用户的使用和反馈，了解机器人是否满足用户需求，是否有改进的空间。

(6)改进和优化阶段。根据用户的反馈和测试结果对机器人进行改进和优化。这可能包括改进机器人的功能、增强性能、优化交互方式等方面。通过不断的迭代和改进，使机器人设计趋于完善。

(7)推广和营销阶段。在改进和优化阶段完成后，进行产品推广和营销。这包括制定推广策略、广告宣传、社交媒体运营等活动，将设计的机器人产品推向市场。

总体来说，机器人创新设计的过程需要结合用户需求、技术研究和市场调研等多个因素进行综合分析和设计。在每个阶段，都需要与用户和团队成员进行充分的沟通和合作，以便不断改进和优化设计。创新设计是一个循环迭代的过程，每个阶段都需要不断改进和提升，以满足用户需求和应对市场竞争带来的变化。

3. 几种有效的创造技法

(1)智力激励。

1)头脑风暴法。

①问题准备：确定会议中心问题，并细分为小问题。

②确定人选：5~15人，1个主持人。

③明确规则：自由奔放禁止评判，追求数量借题发挥。

④启发思维：所有人充分想象，畅谈。

⑤整理评价：汇总所有想法，进行整理判断。

2)635法。6个人参加会议，每人针对议题在卡片上写出3种设想方案，时间是5 min。然后将卡片互换，在第二个5 min内每人根据别人的启发，再在别人的卡片上写出3种想法。如此循环，半小时后结束，可得到108种方案。

3)德尔菲法(专家预测法)。征求几个专家的意见，将所有意见汇总，整理，再发给每个专家，由他们分析判断，提出新的论证。直到专家们的意见基本一致，结论被认为可靠为止。

(2)逻辑推理。

1)追问法。敢于提出"低级"问题，打破定见。

例1：美国罗彻斯特汽车制造厂即将破产时，邀请阿拉巴马大学工作小组进入调研，提出"为什么全部采用船运方式""为什么全部仓库都必须用空调""为什么鼓风机都要输出同样大的风力""为什么全部办公设备都是租用的""为什么所有产品又要急于卖出去，不看行情"等问题，最终总结出许多管理上的盲点，帮助该厂扭亏为盈。

例2：某广场有一座宏伟的大厦。这座大厦历经风雨沧桑，年久失修，表面斑驳陈旧。政府非常担心，派专家调查原因。调查的最初结果认为侵蚀建筑物的是酸雨，但后来的研究认为，酸雨不至于造成那么大的危害。最后才证实，冲洗墙壁所用的清洁剂对建筑物有强烈的腐蚀作用，而该大厦墙壁每日被冲洗的次数大大多于其他建筑，因此腐蚀就比较严重。问题是，为什么每天清洗呢？因为大厦被大量的鸟粪弄得很脏。为什么大厦有那么多鸟粪？因为大厦周围聚集了很多燕子。为什么燕子专爱聚集在这里？因为建筑物上有燕子爱吃的蜘蛛。为什么这里的蜘蛛特别多？因为墙上有蜘蛛最喜欢吃的飞虫。为什么这里的飞虫这么多？因为飞虫在这里繁殖特别快。为什么飞虫在这里繁殖特别快？因为这里的尘埃最适宜飞虫繁殖。为什么这里的尘埃最适宜飞虫繁殖？其原因并不在尘埃本身，而是尘埃在从窗子照射进来的强光作用下，形成了独特的刺激使飞虫繁殖加快，因而有大量的飞虫聚集在此，以超常的激情繁殖，于是给蜘蛛提供了丰盛的大餐。蜘蛛超常的聚集又吸引了成群结队的燕子流连忘返。燕子吃饱了，自然就地方便，给大厦留下了大量粪便……因此解决问题的最终方法是：拉上窗帘。大厦至今完好。

2)穷举法。此方法基于两个原因：第一，任何人造事物都不是尽善尽美的，总是存在缺点与不足，都可以被更新；第二，人们的愿望永远不可能完全得到满足，一种需要满足后，还会提出更高要求。该方法包括特性列举法、缺点列举法、希望列举法等。

例：用特性列举法改良或开发自行车新品种。

①名词特性。如材料：普通碳钢、锰钢、塑料。

②形容词特性。如颜色：白、黑、红、墨绿、天蓝。

③动词特性。如车类型：单人车、载人车、载重车、赛车、杂技表演车、儿童玩具车。如动力源：人力、电动、气动、风动。

3）形态学方法。由总系统分解出若干分系统 A、B、C、D 等目标标记，然后列出每个目标标记的一切可能外解，叫外延标记，如机器集合的目标标记之一驱动能量 A，其外延标记有电能 A1、机械能 A2、液压能 A3、压缩空气能 A4、太阳能 A5、原子能 A6 等。我们将这些列成矩阵，以整理思路，从熟悉的解答要素中发现、发明与设计全新的组合，并推动创造性思维。该类矩阵，我们称为形态学矩阵。

4）TRIZ 法。TRIZ 法全称为 Teoriya Resheniya Izobreatatelskikh Zadatch，意思是"发明问题解决理论"，也翻译为"萃智"法。TRIZ 法是从全世界的发明专利总结抽象出来的，对指导各领域的创造发明都有参考价值。TRIZ 法由八大进化法则、IFR 最终理想解、40 个发明原理、39 个通用参数、阿奇舒勒矛盾矩阵、物理矛盾和分离原理、物-场模型分析、76 个标准解法、TRIZ 发明问题解决算法、科学原理知识库、功能属性分析、资源分析等子理论共同构成理论体系。

▦ 实践活动

活动 1　创新设计挑战

组建 3～4 人的机器人创新设计团队，并为自己团队起名字，设定口号，设计队徽，填写表 1-1-1。

表 1-1-1　创新设计挑战活动表

创新设计挑战	
团队名称	
团队口号	
团队队徽	

活动 2　案例分析

观看往届机器人创新设计竞赛中有关作品的介绍视频，选择一个自己较感兴趣的作品，说明其优点与不足，并给出改进方案，填写表 1-1-2。

作品的介绍视频

表 1-1-2　案例分析活动表

优点：

不足：
改进方案：

评价反馈

根据实践活动情况，进行评价反馈，填写表 1-1-3。

表 1-1-3 实践活动评价反馈表

姓名		学号		日期		
项目		评分标准			分值	得分
工作过程	创新设计挑战（名称）	积极向上、健康			15	
	创新设计挑战（口号）	有感召力，能振奋人心；好记、易懂，又能引起共鸣			15	
	创新设计挑战（队徽）	有一定的原创性，能反映团队文化根源			10	
	案例分析	给出机器人创新设计作品，具有较强的分析问题的能力			20	
	团队合作和沟通能力	能够与他人合作完成活动练习，有效地进行团队协作和交流			10	
项目成果	工作完整	能按时完成任务			10	
	工作规范	能按规范要求完成任务			10	
	成果展示	能准确表达、汇报工作成果			10	
合计					100	
备注						

任务 1.2　机械零件基础认知

学习目标

知识目标

了解各种常见的机械零件在机械系统中的作用和功能；

掌握机械设计的基本要点和思维方式；

掌握机械零件的使用方法。

能力目标

学习各种常见的机械零件，能分辨它们在机械系统中的作用和功能；

学习机械装配和调试的基本技巧，能够进行机械系统的装配和调试；

学习机械设计的基本原则，掌握机械设计的基本要点和思维方式。

素质目标

培养创新性的机械设计思维；

培养在装配调试中规范操作、精益求精的精神；

提升安全文明生产的意识和能力。

任务描述

熟悉"探索者"平台零件，选择适合的工具完成零件的固定及零件的铰接练习，并选择 7 类（家具造型、几何造型、轮类造型、机械造型、工具造型、动物造型、建筑造型）中的两类造型，进行组装设计练习。

知识点拨

机器人创新设计教学是高校创新实践训练的经典项目。在进行机器人创新制作时，理论上任何材料都可能被利用。如自己加工的零件、焊接的电路，从网络上购买的开发板、五金零件、电子元件，甚至身边的废旧材料，拆卸的旧玩具、航模等都可以成为材料的来源。

然而从节省时间及统一教学平台的角度考虑，一套专业的模块化机器人教学组件是更好的选择。自 1998 年著名积木厂商丹麦乐高公司推出 Mindstorm 机器人积木以来，机器人组件层出不穷。它们组装难度不同，风格各异，有些偏趣味，有些偏专业，有些偏表现效果，有些偏实际教学，用户可以根据自己的情况进行选择。本书在"探索者"模块化机器人平台（以下简称"探索者"平台）的基础上进行介绍。"探索者"平台拥有完善的教学体系和开放度极高的系统，其最大的特点是能够很好地兼容市面上常见的各种机械零件、电子部件以及目前世界上最通用的创客平台，使学生能够学以致用，从而一通百通。

1.2.1　机械零件简介

机器人的机械零件可以根据机器人的形态、任务和应用需求进行设计和定制。这些零件的设计和选择决定了机器人的结构刚度、运动范围、负载能力和精确度等重要特性，对机器人的性能和功能有着重要的影响。本书基于"探索者"平台来阐述构成机器人机械结构的基本部件，见表1-2-1（表中仅列出了一些常见零件，不同产品所配零件不同，请根据实际需求购置或自行设计制作）。

表 1-2-1　机械零件

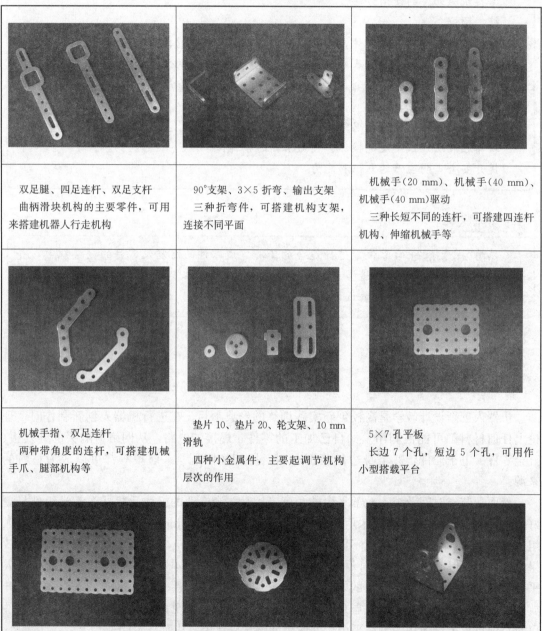

双足腿、四足连杆、双足支杆 曲柄滑块机构的主要零件，可用来搭建机器人行走机构	90°支架、3×5折弯、输出支架 三种折弯件，可搭建机构支架，连接不同平面	机械手（20 mm）、机械手（40 mm）、机械手（40 mm）驱动 三种长短不同的连杆，可搭建四连杆机构、伸缩机械手等
机械手指、双足连杆 两种带角度的连杆，可搭建机械手爪、腿部机构等	垫片10、垫片20、轮支架、10 mm滑轨 四种小金属件，主要起调节机构层次的作用	5×7孔平板 长边7个孔，短边5个孔，可用作小型搭载平台

7×11 孔平板	小轮	舵机双折弯
长边 11 个孔，短边 7 个孔，可用作大型搭载平台	可用作履带、滚筒的骨架	可用作机器人关节摆动部件
大轮	马达支架	大舵机支架
可用作大轮子、机架、半球结构、球结构等	小型舵机使用，连接小型舵机与其他零件	连接大舵机与其他零件
大舵机 U 形支架	牛眼万向轮	11×25 孔平板
用于大舵机组装关节式结构	国际标准零件	可用作大型机架平台
输出头	马达后盖输出头	大舵机输出头

大舵机后盖输出头	直流马达输出头	履带片
三种球形件 可用于翅膀、腿、轮足等仿生机构的搭建	直流马达支架 可用来连接直流马达与其他零件	传动轴 不锈钢传动部件，可连接齿轮等，两端是扁的
双足大腿、双足小腿 可组装特殊的曲柄滑块，用于机器人行走机构	双足脚 可作为脚使用，也可用于其他功能	两种偏心轮 可组装偏心轮机构，代替凸轮，代替曲柄等
30齿齿轮	随动齿轮	联轴器、1：10模型轮胎
不锈钢轴套2.7、轴套5.4、轴套10.4、轴套15.4	国际标准尼龙螺柱10、螺柱15、螺柱20、螺柱30；35 mm金属螺柱	国际标准M3不锈钢螺栓、螺母

14

1.2.2 组装工具的使用

根据机器人的组装和维护需求，选择适合的工具。常用的机器人组装工具包括内六角扳手、双开口扳手、螺钉旋具、镊子等，见表 1-2-2。

表 1-2-2 组装工具

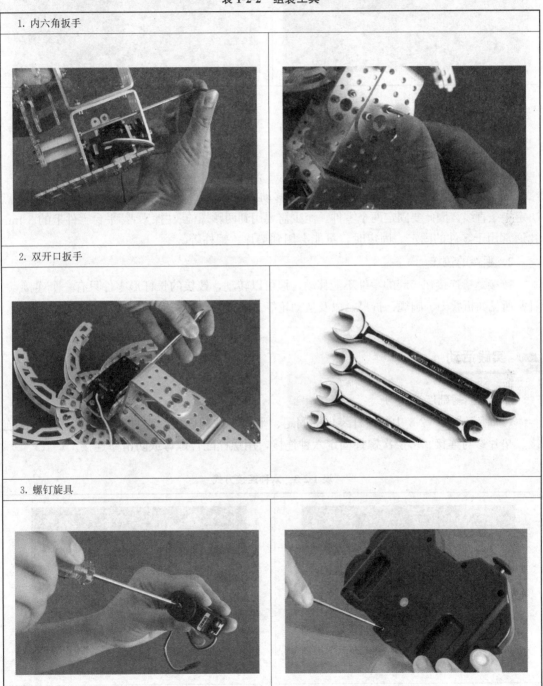

| 1. 内六角扳手 |
| 2. 双开口扳手 |
| 3. 螺钉旋具 |

4. 镊子

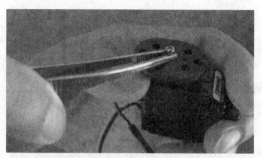

1.2.3　零件组装规则

1. 零件的固定

固定连接的零件需紧紧连在一起，不能移动，也不能转动。根据几何学原理可知，两点决定一条直线，因此要固定两个零件，至少需要用到两颗螺栓。"探索者"平台零件上的 3 mm 孔通常用于零件的固定。固定时，可能会用到垫片、螺柱等。

2. 零件的铰接

铰接是指连接在一起的零件不能移动，但可以转动，铰接的长杆形零件只有一个连接点。日常所见如折叠刀、圆规、折尺，以及从动轮等。4 mm 孔加入轴套可以实现铰接功能。

实践活动

活动 1：基础连接练习

（1）请完成表 1-2-3 中的连杆零件的固定、平板零件的固定、螺柱参与连接、多层次连接、垫片参与连接、多层次螺柱固定六种连接，用螺栓配合螺母或防滑垫连接。

表 1-2-3　六种连接方式

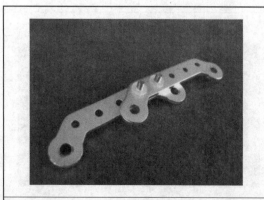

| 连杆零件的固定 | 平板零件的固定 |

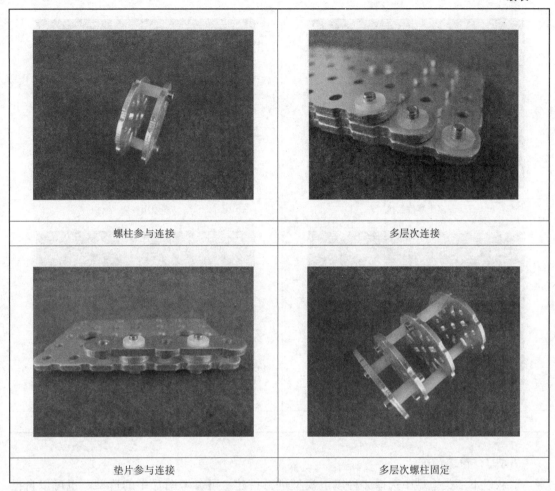

螺柱参与连接	多层次连接
垫片参与连接	多层次螺柱固定

（2）请参考表 1-2-4，找到轴套，完成表中的 5 种铰接。

表 1-2-4　五种铰接方式

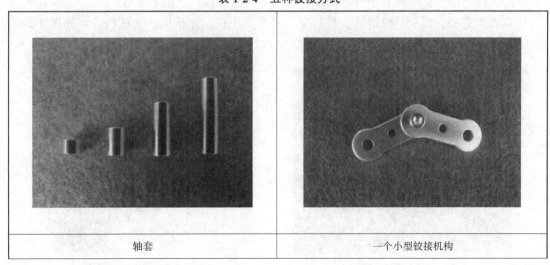

轴套	一个小型铰接机构

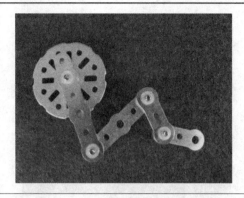

多个零件铰接

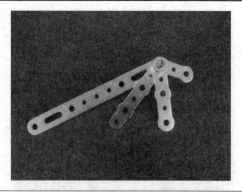

多层次铰接

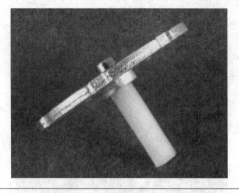

螺柱参与铰接

滑槽参与铰接

活动 2：模拟演练

请从以下 7 类造型中选择 2 种以上模型进行搭建，可参考图片中的造型，也可以自己发挥，不考虑带电子模块。

（1）家具造型：桌、椅、板、凳、柜子、带合页的门、安全门等；

（2）几何造型：立方体、棱柱、圆柱、梯形体、雪花体、八边形体等；

（3）轮类造型：滑板、轮滑鞋、自行车、汽车、飞机、拖拉机、挖掘机等，如图 1-2-1、图 1-2-2 所示；

图 1-2-1　轮类造型 1

图 1-2-2　轮类造型 2

（4）机械造型：等臂四杆、不等臂四杆、六杆、摆角放大机构、曲柄滑块等；

（5）工具造型：手机支架、开瓶器、书本支架、笔筒、抽屉锁、梯子等，如图1-2-3所示；

（6）动物造型：狗、鸟、恐龙、鱼、蛇、昆虫等，如图1-2-4所示；

（7）建筑造型：平房、楼房、桥梁、风车等。

图1-2-3　工具造型

图1-2-4　动物造型

请把所做的机构示意图画出来填在表1-2-5中，说明它的传动方式，试着进行组装。

表1-2-5　机构示意图

造型1示意图及组装步骤：
造型2示意图及组装步骤：

评价反馈

根据任务完成情况，进行考核评价，填写表1-2-6。

表 1-2-6　考核评价表

姓名		学号	
项目名称		时间	
评估项目	评价标准		得分
能力级别	完全独立组装(20分)		
	需要指导组装(15分)		
	部分组装(10分)		
	选择了器件，无法组装(5分)		
准确性	组装正确无误(20分)		
	少量组装错误(15分)		
	多次组装错误(10分)		
	未正确组装(5分)		
时间效率	迅速高效完成(20分)		
	基本按时完成(15分)		
	超时完成(10分)		
	无法按时完成(5分)		
创新性	独特、创新的设计方案(20分)		
	一定程度上体现创新(15分)		
	常规设计(10分)		
	缺乏创新(5分)		
美学性	设计具有良好的外观美感(20分)		
	设计基本符合美学要求(15分)		
	设计欠缺美感(10分)		
	设计丑陋、不美观(5分)		
总分			

任务 1.3　电子模块简介

学习目标

知识目标

了解传感器的特性和使用方法；

了解"探索者"平台 Basra 主控板、BigFish 扩展板特点；

掌握"探索者"平台基本检测电路的连接方法；

掌握 Arduino 软件的基本使用方法。

能力目标

通过搭建传感器检测电路，能读取和解析传感器的数据；

学习控制器的编程语言和开发环境，能利用编程软件烧写测试程序；
学习创新平台的电子模块，能合理选用模块制定创新设计方案。

素质目标

激发创新思维及能力，提高解决问题的能力；
培养自主学习的能力，养成自主学习的习惯。

任务描述

熟悉"探索者"Basra 主控板、BigFish 扩展板，掌握它们的特性和使用方法；通过搭建检测电路，掌握"探索者"基本检测电路的连接方法；通过编写简单测试程序，掌握 Arduino 软件的基本使用方法，尝试图形化编程、C 语言编程。

引导问题

1. 是否有基础的电子电路知识？

_____

2. 了解 Arduino 开发平台吗？它有什么特点？

_____

3. 你接触或使用过的传感器有哪些？

_____

知识点拨

在机器人创新设计中，电子模块扮演着重要的角色，它们用于控制和操作机器人的各个方面。以下是一些常见电子模块的简介。

(1)控制器模块。控制器模块是机器人的核心电子模块，负责接收指令、协调各个模块的操作，并控制机器人的运动和行为。控制器模块通常集成了处理器、存储器、输入输出接口等功能。

(2)传感器模块。传感器模块用于感知机器人周围环境的信息，例如距离、光线、温度、压力等。常见的传感器包括超声波传感器、红外线传感器、加速度传感器等。

(3)通信模块。通信模块用于机器人与外部设备或其他机器人之间的通信。常用的通信模块包括无线模块(如 Wi-Fi、蓝牙)、有线模块(如以太网、串口)等。

(4)电动机驱动模块。电动机驱动模块用于控制机器人的电动机，实现运动和动作。它负责将控制信号转化为电动机驱动信号，控制电动机的速度、方向和转动角度等。

(5)电源模块。电源模块为机器人提供所需的电力供应。它能够将外部电源或电池的电能转换为机器人所需的电压和电流。

(6)执行器模块。执行器模块用于实现机器人的特定功能和任务。例如，机械臂的驱动器、舵机控制器、液压或气动系统等。

以上介绍的是一些机器人创新设计中常见的电子模块，这些模块相互协作，使机器人能够感知环境、执行任务和与外部进行交互。设计者可以根据机器人的功能需求选择合适的电子模块，并进行相应的电路设计和编程。

1.3.1　Basra 主控板简介

Basra 是基于 Arduino 开源方案设计的一款开发板，通过各种各样的传感器来感知环境，通过控制灯光、马达和其他装置来反馈、影响环境。板子上的微控制器可以在 Arduino、Eclipse、Visual Studio 等 IDE 中通过 C/C++语言来编写程序，编译成二进制文件，烧录进微控制器。Basra 的处理器核心是 ATmega328，同时具有 14 路数字输入/输出口（其中 6 路可作为 PWM 输出）、6 路模拟输入、一个 16 MHz 晶体振荡器（晶振）、一个 USB 口、一个电源插座，一个 ICSP header 和一个复位按钮。Basra 主控板实物如图 1-3-1 所示，主控板接口如图 1-3-2 所示。

图 1-3-1　主控板实物

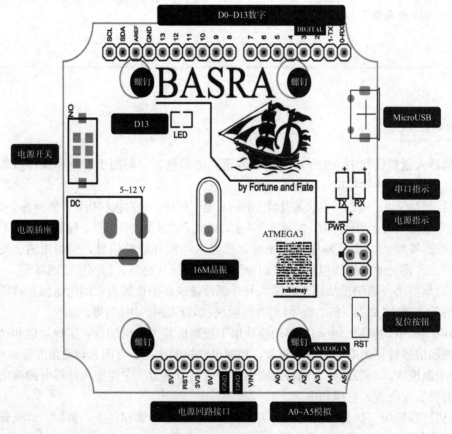

图 1-3-2　主控板接口

主控板的主 CPU 采用 AVR ATmega328 型控制芯片，支持 C 语言编程方式；该系统的硬件电路包括电源电路、串口通信电路、MCU 基本电路、烧写接口、显示模块、AD/DA 转换模块、输入模块、IIC 存储模块等其他电路模块电路。主控板尺寸不超过 60 mm×60 mm，便于安装。CPU 硬件软件全部开放，除能完成对小车控制外，还能使用本主控板完成单片机所有基础实验。供电范围宽泛，支持 5～9 V 的电压，干电池或锂电池都适用。编程器集成在主控板上，通过 USB 大小口的方式与计算机连接，下载程序。开放全部底层源代码。主控板含 3 A、6 V 的稳压芯片，可为舵机提供 6 V 额定电压。板载 8×8LED 模块采用 MAX7219 驱动芯片。板载 2 片直流电动机驱动芯片 L9170，可驱动两个直流电动机。板载 USB 驱动芯片及自动复位电路，烧录程序时无须手动复位。2 个 2×5 的杜邦座扩展坞，方便无线模块、OLED、蓝牙等扩展模块直插连接，无须额外接线。主控板芯片与接口引脚如图 1-3-3 所示。

1. 特点

☞开放源代码的电路图设计、程序开发接口免费下载，也可依需求自己修改。

☞可以采用 USB 接口供电，不需外接电源，也可以使用外部 DC 输入。

☞支持 ISP 在线烧，可以将新的 BootLoader 烧入芯片。有了 BootLoader 之后，可以在线更新。

☞支持多种互动程序，如 Flash、Max/Msp、VVVV、PD、C、Processing 等。

☞具有宽泛的供电范围，可任选电压为 3～12 V 的电源。

☞采用堆叠设计，可任意扩展。

☞主控板尺寸不超过 60 mm×60 mm，便于给小型机电设备安装。

☞板载 USB 驱动芯片及自动复位电路，烧录程序时无须手动复位。

2. 参数

☞处理器 ATmega 328。

☞工作电压 5 V。

☞输入电压(推荐)7～12 V。

☞输入电压(范围)6～20 V。

☞数字 IO 引脚 14(其中 6 路作为 PWM 输出)。

☞模拟输入引脚 6。

☞IO 引脚直流电流 40 mA。

☞3.3 V 引脚直流电流 50 mA。

☞Flash Memory 32 kB(ATmega 328，其中 0.5 kB 用于 BootLoader)。

☞SRAM 2 kB(ATmega 328)。

☞EEPROM 1 kB(ATmega 328)。

☞工作时钟 16 MHz。

3. 电源

Basra 可以通过 3 种方式供电，而且能自动选择供电方式。

☞外部直流电源通过电源插座供电。

☞电池连接电源连接器的 GND 和 VIN 引脚。

☞USB 接口直接供电。

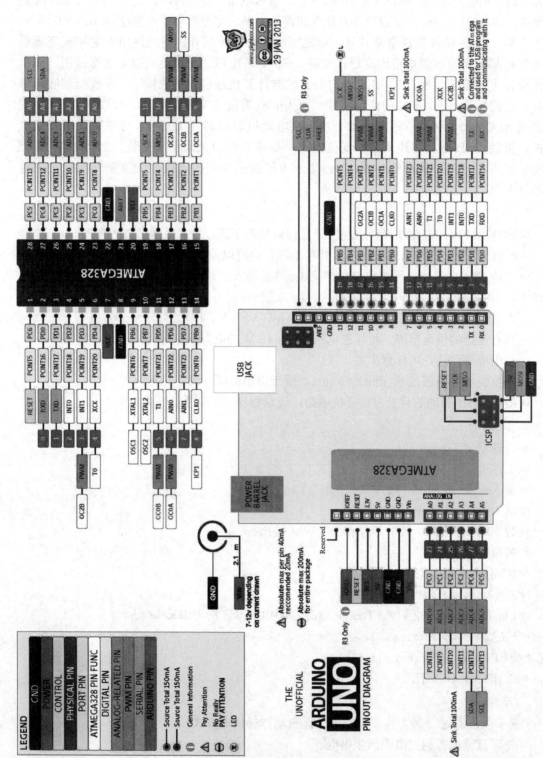

图 1-3-3　主控板芯片与接口引脚图

电源引脚说明：

VIN——当外部直流电源接入电源插座时，可以通过 VIN 向外部供电，也可以通过此引脚向 UNO 直接供电；VIN 有电时将忽略从 USB 或者其他引脚接入的电源。

5 V——通过稳压器或 USB 的 5 V 电压，为 UNO 上的 5 V 芯片供电。

3.3 V——通过稳压器产生的 3.3 V 电压，最大驱动电流 50 mA。

GND——地脚。

4. 存储器

ATmega 328 包括片上 32 kB Flash，其中 0.5 kB 用于 BootLoader。同时还有 2 kB SRAM 和 1 kB EEPROM。

5. 输入输出

14 路数字输入输出口：工作电压为 5 V，每一路能输出和接入的最大电流为 40 mA。每一路配置了 20～50 kΩ 内部上拉电阻（默认不连接）。除此之外，有些引脚有特定的功能。

☞串口信号 RX(0 号)、TX(1 号)：与内部 ATmega 8U2 USB-to-TTL 芯片相连，提供 TTL 电压水平的串口接收信号。

☞外部中断(2 号和 3 号)：触发中断引脚，可设成上升沿、下降沿或同时触发。

☞脉冲宽度调制 PWM(3、5、6、9、10、11)：提供 6 路 8 位 PWM 输出。

☞SPI(10(SS)，11(MOSI)，12(MISO)，13(SCK))：SPI 通信接口。

☞LED(13 号)：Arduino 专门用于测试 LED 的保留接口，输出为高时 LED 点亮，输出为低时 LED 熄灭。

6 路模拟输入 A0 到 A5：每一路具有 10 位的分辨率（输入有 1 024 个不同值），默认输入信号范围为 0 到 5 V，可以通过 AREF 调整输入上限。除此之外，有些引脚有特定功能。

☞TWI 接口(SDA A4 和 SCL A5)：支持通信接口（兼容 I2C 总线）。

☞AREF：模拟输入信号的参考电压。

☞Reset：信号为低时复位单片机芯片。

6. 通信

☞串口：ATmega 328 内置的 UART 可以通过数字口 0(RX)和 1(TX)与外部实现串口通信；ATmega 16U2 可以访问数字口实现 USB 上的虚拟串口。

☞TWI(兼容 I2C)接口。

☞SPI 接口。

7. 下载程序

Basra 上的 ATmega 328 已经预置了 BootLoader 程序，因此可以通过 Arduino 软件直接下载程序到主控板中。

可以直接通过主控板上 ICSP header 下载程序到 ATmega 328。

8. 注意事项

☞USB 口附近有一个可重置的保险丝，对电路起到保护作用。当电流超过 500 mA 时会断开 USB 连接。

☞主控板提供了自动复位设计，可以通过主机复位。这样通过 Arduino 软件下载程序到主控板中时，软件可以自动复位，不需要再按复位按钮。

1.3.2 BigFish 扩展板简介

通过 BigFish 扩展板连接的电路可靠稳定，上面还扩展了伺服电动机接口、8×8LED点阵、直流电动机驱动以及一个通用扩展接口，是控制板的必备配件。BigFish 扩展板实物如图 1-3-4 所示，其接口如图 1-3-5 所示。

图 1-3-4　BigFish 扩展板实物

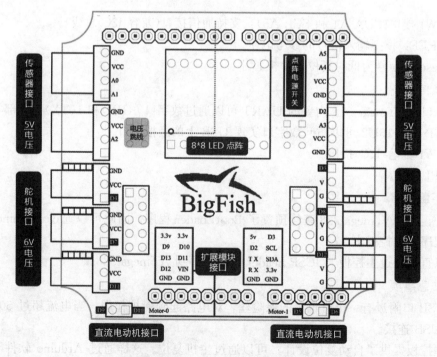

图 1-3-5　BigFish 接口

1. 特点

(1)完全兼容 Basra、Mehran 控制板接口。

(2)彩色分组插针，一目了然。

(3)全部铜制插针，用料考究，电气性能稳定。

(4)优秀 PCB 设计，美观大方。

(5)多种特殊接口设计，兼容所有探索者电子模块，使用方便。

☞所有 3P、4P 接口采用防反插设计，避免电子模块间连线造成的误操作。

☞板载舵机接口、直流电动机驱动芯片、MAX7219LED 驱动芯片，可直接驱动舵机、直流电动机、数码管等机器人常规执行部件，无须外围电路。

☞具有 5 V、3.3 V 及 Vin 3 种电源接口，便于为各类扩展模块供电，如图 1-3-6 所示。

图 1-3-6　扩展模块供电图

2. 参数

☞4 针防反插接口供电 5 V；

☞舵机接口使用 3A 的稳压芯片 LM1085ADJ，为舵机提供 6 V 额定电压；

☞8×8LED 模块采用 MAX7219 驱动芯片；

☞板载 2 片直流电机驱动芯片 L9170，支持 3～15 V 的输入电压，可驱动两个直流电动机。

☞2 个 2×5 的杜邦座扩展坞，方便无线模块、OLED、蓝牙等扩展模块直插连接，无须额外接线。

☞主控板与扩展板连接时，将扩展板堆叠至主控板，两板针脚对插即可，如图 1-3-7 所示。

1.3.3 传感器简介

传感器是一种能够感知和测量外部环境物理量或化学量的装置或设备。它们将环境中的某种物理量或化学量转变为电信号、光信号、声波等可识别的信号，以便进行数据采集、处理和控制。传感器在各个领域中发挥着重要的作用，例如工业自动化、医疗设备、汽车、航天航空、环境监测、智能家居等。"探索者"模块化机器人平台中包括各种功能的数字型传感器和模拟型传感器。

图 1-3-7　两板堆叠连接

数字型传感器只能返回 0 或 1，也就是高电平信号或者低电平信号，类似一个电源的开或关，所以也被称作开关量传感器。这类传感器都是低电平触发，触发时产生一个低电平信号。传感器发出低电平信号时，主控板将这个信号标为 0，高电平时标为 1。与数字量传感器只能检测到 0 或 1 不同，模拟量传感器能够检测到连续信号，给出连续的数值。根据数值范围不同，设置传感器更多的触发条件，如某个传感器可以检测到 0～1 023 的连续数值，那么就可以设置 0～100 触发功能 1，100～500 触发功能 2，500～1 024 触发功能 3。因此模拟量传感器使用起来更灵活，功能更加强大。

1. 触碰传感器

触碰传感器(图 1-3-8)可以检测物体对开关的有效触碰，通过触碰开关触发相应动作。触碰开关行程距离 2 mm。

> **注意事项**：触碰传感器需要安装在机器人容易被触碰到的位置，需要触碰开关本身被物体碰到后才会被触发。

2. 近红外传感器

近红外传感器(图 1-3-9)可以发射并接收反射的红外信号，有效检测范围在 20 cm 以内。工作电压：4.7～5.5 V；工作电流：1.2 mA；频率：38 kHz。

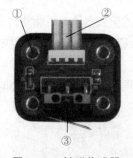

图 1-3-8　触碰传感器
①—固定孔，便于用螺钉将模块固定于机器人上；
②—四芯输入线接口，连接四芯输入线；
③—触碰开关，检测触碰

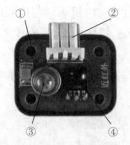

图 1-3-9　近红外传感器
①—固定孔，便于用螺钉将模块固定于机器人上；
②—四芯输入线接口，连接四芯输入线；
③—近红外信号发射头，用于发射红外信号；
④—近红外信号接收头，用于接收反射的红外信号

工作原理： 近红外传感器能发射并接收红外线，与黑标传感器类似，但是其发射功率更大，即使物体是黑色的也能大量反射，因此它能识别物体，多用于避障、物体检测等。

注意事项： 在安装近红外传感器时，注意不要遮挡发射和接收头，以免传感器检测发生偏差。

近红外传感器触发距离较近，而且不可调整触发距离，可以调整触发距离的是另一种——"红外测距传感器"。近红外传感器比较容易受环境光线的干扰，如正午的阳光、距离较近的荧光灯等发出的光都会影响其触发距离，或者对其误触发。使用时需要注意。

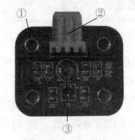

图 1-3-10　闪动传感器

①—固定孔，便于用螺钉将模块固定于机器人上；②—四芯输入线接口，连接四芯输入线；③—光敏元件，检测光线强度

3. 闪动传感器

闪动传感器(图 1-3-10)可以检测到环境光线的突然变化，从而使机器人做出相应的指令动作。30 lx 照度以上变暗触发，30 lx 照度以下变亮触发。用手电筒照射或者用手遮挡光线均可触发。

注意事项： 荧光灯是有闪烁的，频率在 50 Hz 左右，这种闪烁会被闪动传感器识别，因此要避免在荧光灯下使用。

闪动传感器是一种光敏传感器，对光线的变化非常敏感，光线明暗的瞬间变化甚至荧光灯的闪烁频率都能被识别，因此它可以用在需要灵敏触发的场合。

除了上述数字量传感器，还有几种传感器比较特殊，即灰度传感器、白标传感器、光强传感器、声控传感器等。这些传感器既可以用作数字量传感器，也可以用作模拟量传感器(模拟量传感器的内容将在后面讲到)。

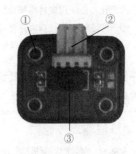

图 1-3-11　灰度传感器

①—固定孔，便于用螺钉将模块固定于机器人上；②—四芯输入线接口，连接四芯输入线；③—黑标/白标传感器元件，用于检测黑线/白线信号

4. 灰度/白标传感器

灰度/白标传感器(图 1-3-11 所示的为灰度传感器)可以帮助进行黑线/白线的跟踪，可以识别白色/黑色背景中的黑色/白色区域，或"悬崖"边缘。寻线信号可以提供稳定的输出信号，使寻线更准确、更稳定。有效距离为 0.7～3 cm。

工作电压：4.7～5.5 V；工作电流：1.2 mA。

工作原理： ③号元件是一个红外发射/接收管(蓝发黑收)，可以发射红外线并接收反射的红外线，如果目标颜色较深，红外线就会被吸收，从而触发。因此，如果目标是开阔空间，没有红外线反射回来，也会触发。白标传感器触发原理与灰度传感器相反。

注意事项： 灰度/白标传感器的安装应当贴近地面且与地面平行，使用前最好测试一下触发距离，这样才能更加灵敏并且有效地检测到信号。

5. 光强传感器

光强传感器(图1-3-12)可以检测到周围光线强度的变化。光强传感器能够识别光线强弱，而闪动传感器只能检测光线的突变。光强传感器在30 lx照度以下触发。(距离40 W荧光灯1.5 m左右)

> **注意事项**：安装时注意将感光元件对准光源。这样传感器才能较精确地检测到光线的强弱变化。

6. 声控传感器

声控传感器(图1-3-13)可以检测到周围环境的声音信号，声控元件是对震动敏感的物质，有声音时就触发。其有效检测范围在50 dB以上(参考正常人说话时的声音)。作为模拟量传感器使用的声控传感器，可以测量到声音的强弱数据，即对应声音的分贝数，显示0~1 023的数值。此时的声控传感器可以较为准确地根据声音响度设置触发范围，从而为报警、多条件响应服务。

图 1-3-12　光强传感器

①—固定孔，便于用螺钉将模块固定于机器人上；

②—四芯输入线接口，连接四芯输入线；

③—光敏元件，当光线由强变弱时被触发

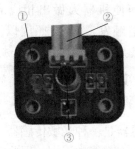

图 1-3-13　声控传感器

①—固定孔，便于用螺钉将模块固定于机器人上；

②—四芯输入线接口，连接四芯输入线；

③—微型麦克风，检测声音

> **注意事项**：声控传感器需要安装在较安静的机器人部位，如离电动机较远的位置，最好有螺柱等与机器人本体隔离，否则特别容易被触发。

7. 超声波测距传感器

HC-SR04 超声波测距模块(图1-3-14)可提供 2~400 cm 的非接触式距离感测功能，测距精度可达高到 3 mm；模块包括超声波发射器、接收器与控制电路。

图 1-3-14　超声波测距传感器

> **应用范围**：能够探测出距离，因此可以用于机器人避障、距离测量、高度测量、物体表面扫描等项目。

8. 温湿度传感器

DHT11 数字温湿度传感器(图 1-3-15)是一款含有已校准数字信号输出的温湿度复合传感器。传感器包括一个电阻式感湿元件和一个 NTC 测温元件。校准系数以程序的形式存在 OTP 内存中，传感器内部在检测型号的处理过程中要调用这些校准系数。DHT11 数字温湿度传感器采用单线制串行接口，使系统集成变得简易快捷。

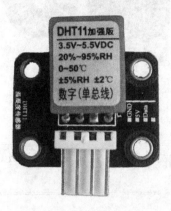

图 1-3-15　温湿度传感器

注意事项：探测头必须与被测物体接触才能测量到温度数据。

9. 加速度传感器

加速度传感器(图 1-3-16)是一种可以对物体运动过程中的加速度进行测量的电子设备。典型互动应用中的加速度传感器可以用来对物体的姿态或者运动方向进行检测，比如 Wii 游戏机和 iPhone 手机中的经典应用。

图 1-3-16　加速度传感器

应用范围：加速度传感器采用 Freescale(飞思卡尔)公司生产的高性价比微型电容式三轴加速度传感器 MMA7361 芯片，但是取消了 Z 轴，所以只有两个轴。其可以应用到摩托车和汽车防盗报警、遥控航模、游戏手柄、人形机器人跌倒检测、硬盘冲击保护、倾斜度测量等场景中。

10. 红外编码器

本模块为直流电动机测速模块。红外编码器(图 1-3-17)采用槽形红外对射，只要非透明物体通过槽形即可触发(配合码盘使用)输出 5 V TTL 电平。

图 1-3-17　红外编码器

> **工作原理**：采用施密特触发器产生脉冲，可用于计数，从而计算直流电动机的转动速度，辅助完成 PID 算法等。

1.3.4　软件工具及安装编程环境

在机器人设计过程中，常用的编程软件工具及安装编程环境如下： 软件工具及安装编程环境

(1)ROS(机器人操作系统)。ROS 是一种流行的开源机器人操作系统，提供了一整套强大的软件工具和库，用于编写、测试及运行的机器人应用程序。它支持多种编程语言，如 C++、Python 等。安装 ROS 通常涉及在 Linux 环境下安装 ROS 的软件包，并设置相应的环境变量。

(2)Arduino IDE。Arduino IDE 是一种用于编程 Arduino 开发板的集成开发环境。它使用 C/C++语言进行编程，支持简单的电子硬件控制和传感器交互。安装 Arduino IDE 通常需要下载和安装官方的 IDE 软件，并通过 USB 连接 Arduino 开发板。

(3)MATLAB。MATLAB 是一种强大的数值计算和科学编程软件，也可以用于机器人设计和控制。它提供了丰富的机器人工具箱和库，支持模拟、控制和仿真机器人系统。安装 MATLAB 通常需要购买和下载 MATLAB 软件，并安装相应的工具箱。

(4)Python。Python 是一种通用的编程语言，在机器人设计中经常被使用。它具有简单易学的语法和丰富的第三方工具库，适用于各种机器人应用开发。安装 Python 通常需要下载和安装 Python 解释器，并安装相关的库和工具。

(5)Visual Studio Code(VS Code)。VS Code 是一种轻量级的集成开发环境，适用于多种编程语言。它提供了丰富的插件和扩展，方便机器人设计者进行代码编写和调试。安装 VS Code 通常需要下载对应的安装包，并根据需要安装相关的插件和扩展。

以上是一些常用的机器人设计编程软件工具及安装编程环境。根据具体的机器人设计需求和编程语言偏好，可以选择合适的工具和环境进行安装和配置。本书基于"探索者"平台，进行机器人设计学习，主要应用 Mind+和 Arduino 两种编程环境编写程序。

1.3.4.1　Mind+的安装及使用

1. Mind+的安装

Mind+是一款基于 Scratch 3.0 开发的青少年编程软件，支持 Arduino、micro:bit 等

各种开源硬件，只需要拖动图形化程序块即可完成编程，还可以使用 Python/C/C++等高级编程语言，轻松体验创造的乐趣。

浏览 Mind＋官方网站（https：∥mindplus.dfrobot.com.cn）下载 Mind＋软件，打开 Mind＋应用程序进行安装（图 1-3-18）。

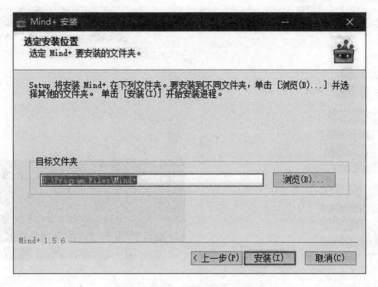

图 1-3-18　Mind＋的安装

2. Mind＋的界面介绍

安装完成后，会在桌面生成 Mind＋的图标，双击即可打开。默认打开的是 Scratch 窗口模式，也为实时模式，在窗口的右上角会有显示，如图 1-3-19 所示。

图 1-3-19　Mind＋的 Scratch 实时模式界面

单击实时模式右侧的上传模式，可以切换为上传模式。此模式主要针对主控板、传感器、执行器、通信模块、显示器、功能模块等硬件的编程控制，是后续编程中经常使用的，如图1-3-20所示。

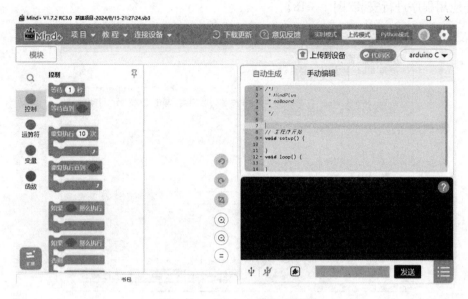

图1-3-20　Mind十的串口检测

1.3.4.2　Arduino的安装与使用

安装Arduino开发环境，按照以下步骤进行操作。

（1）访问官方网站：打开Arduino的官方网站（https：//www.arduino.cc/），然后单击"Software"（软件）选项。

（2）下载IDE：在"Software"界面上，找到并单击"Download the Arduino IDE"（下载Arduino IDE）按钮。选择合适的版本，如Windows、macOS或Linux等。

（3）将Basra控制板通过MiniUSB数据线与PC连接，初次连接时会弹出驱动安装提示。选择..\Basra控制板\arduino-1.5.2\drivers\FTDI USB Drivers目录安装驱动，如图1-3-21所示。按照图1-3-22选择安装，完成安装向导。

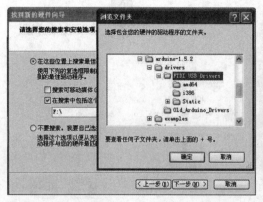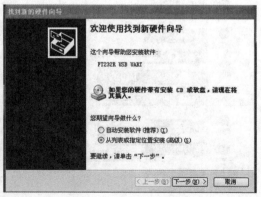

图1-3-21　安装Arduino驱动

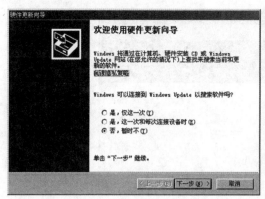

图 1-3-22　完成向导

(4)打开设备管理器，在"端口（COM 和 LPT）"列表检查安装情况，如出现 USB Serial Port(COMx)，表示驱动安装成功，如图 1-3-23 所示。请记录下这个 COM 端口号 x，以该图为例，其端口号为 COM3。

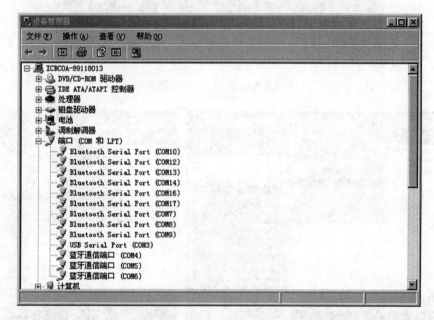

图 1-3-23　检查安装端口号

(5)在本机上运行 arduino-1.5.2 目录下的 arduino.exe，显示图 1-3-24 所示的界面。

(6)在 Tools 菜单下，依次选择 Board 里的 Arduino Uno 项，以及 Serial Port 里的 COM3，如[COM3 为步骤(4)里记录下的端口号]，如图 1-3-25 所示。此时在界面右下角显示 Arduino Uno on COM3，如图 1-3-26 所示。

(7)单击"verify"按钮█开始编译代码，如图 1-3-26 所示。

(8)单击"upload"按钮███，一个空白的程序将自动烧录进 Basra 控制板。具体过程如图 1-3-27 所示：开始向 Basra 控制板烧录程序，烧录过程中控制板上的 TX/RX 指示灯闪动。

(9)烧录成功后会出现图 1-3-28 提示界面。

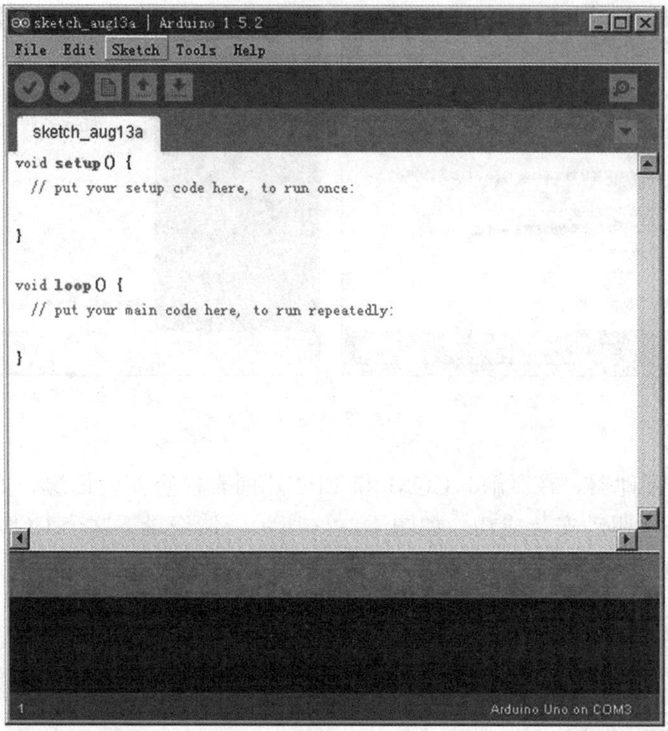

图 1-3-24　进入 Arduino 界面

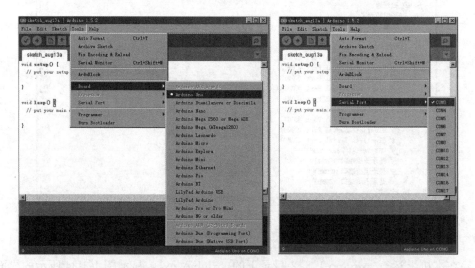

图 1-3-25　选择 COM3 口

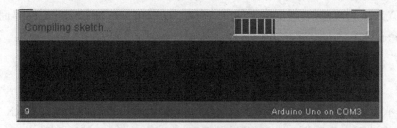

图 1-3-26　编译进程显示

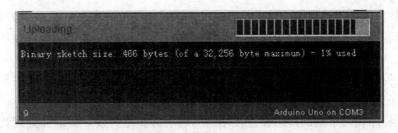

图 1-3-27 烧录进程显示

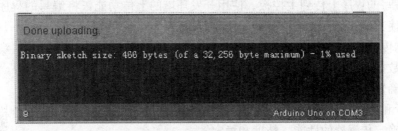

图 1-3-28 烧录成功

（10）测试：编写一个简单的程序，并尝试上传到 Arduino 板上。可以选择一个示例程序进行测试，或者自行编写代码测试。

实践活动

活动 1　实操练习

选择两个以上不同功能的传感器，搭建测试电路，进行测试并记录分析测试数据，填写表 1-3-1，判断传感器优劣。

表 1-3-1　传感器测试数据

序号	传感器类型	测试指标	测试数值 1	测试数值 2	测试数值 3	标准偏差	优劣判断
1							
2							
3							
4							
5							

小提示

1. 传感器测试的流程

（1）将主控板（如 Basra 主控板）与扩展板（如 BigFish 扩展板）进行连接。通常，这两个板之间可以使用排针和排母来连接，确保引脚对应正确，并且连接稳定。

（2）将传感器模块与扩展板进行连接。根据传感器模块的类型和接口要求，选择合适的连接方式。例如，使用杜邦线连接传感器模块的数据引脚到扩展板的数字引脚或模拟引脚。

（3）确保各个模块的电源供应。根据模块的电源需求，提供正确的电源电压和电流。可以使用电池、电源适配器或 USB 电源等来为主控板、扩展板和传感器模块供电。

（4）在主控板上安装和配置相应的软件（如 Arduino 开发环境），以便编写和上传程序到主控板。确保选择正确的开发环境和主控板类型。

（5）编写程序代码来测试传感器。使用适当的引脚和库函数，读取和处理传感器发送的数据。

（6）将编写的程序上传到主控板。使用开发环境的上传功能，将编写的程序代码烧录到主控板上，使其能够运行并与传感器模块进行通信。

（7）监测传感器数据并进行测试。通过显示器、光敏传感器模块等方式，观察和记录传感器发送的数据。使用适当的测试方法，如改变环境条件、应用特定输入等，确保传感器的性能及准确性。

（8）分析和评估传感器数据。根据测试结果，计算平均值、标准偏差等指标，以确定传感器的性能、精度和稳定性。

通过以上步骤，可以进行传感器的测试和评估。请注意，在具体应用中，可能需要根据传感器模块和主控板的不同进行适当的调整和配置。

传感器连接及检测

2. 传感器检测示例

传感器可分为数字量传感器和模拟量传感器。传感器从外界环境中检测到的信号有数字量和模拟量，数字量传感器检测到的信号是 0 或者 1（"未触发"和"触发"），而模拟量传感器检测到的信号是一个范围内的许多数值，这些数值都是电信号。传感器的数值可通过 serial monitor（串口监视器）工具获取。编写可实现传感器值的检测。

（1）编写检测程序。数字量传感器用图 1-3-29 所示的图形化程序进行检测，或直接在 C 程序界面，录入下面 C 程序代码。

图 1-3-29　传感器检测程序

```
void setup()
{
pinMode(14,INPUT); Serial.begin(9600);
}
void loop()
{
Serial.print(! (digitalRead(14)));
 Serial.println();
}
```

（2）读取检测值。在"实用命令"菜单里找到"串口打印加回车"图形语句。"串口打印"即在串口监视器里显示，对应的函数是 Serial.print()值。程序烧录之后，以检测黑标/白标传感器为例，将黑标/白标传感器接至扩展板，打开 Serial Monitor 查看检测到的数据。

在 C 语言界面的 Tools 菜单里面，找到 Serial Monitor 选项，可查看传感器检测值，如图 1-3-30 所示。

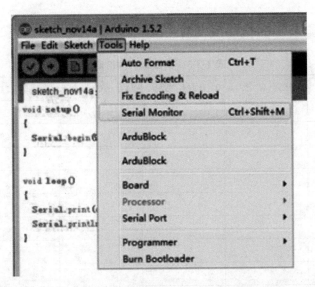

图 1-3-30　选择 Serial Monitor 查看

另外，C 语言界面上方最右侧的"放大镜"按钮，也是 Serial Monitor，如图 1-3-31 所示。

图 1-3-31　放大镜按钮

按照上述方法打开之后即可看到传感器获取到的数据。在监测过程中，主控板必须烧录上文提到的程序，且必须始终连在计算机上。

(3)尝试监测触碰传感器、触须传感器、近红外传感器、光强传感器、黑标传感器、声控传感器 6 种传感器。串口监视器还有很多，可自行网上搜索、下载各种版本的串口监视器，以开阔思路。

活动 2　创新设计挑战

构思智能家庭助理机器人设计方案，该机器人能够与人进行交互，并提供多种功能和服务，以提高生活的便利性和舒适度。填写表 1-3-2。

表 1-3-2　家庭助理机器人设计方案

设计要素	具体描述
外观设计	
功能设计	
交互设计	
功能调试	
成员分工	

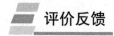

评价反馈

对实践活动 1、2 的任务完成情况进行考核评价，填写表 1-3-3、表 1-3-4。

表 1-3-3　实操练习评价表

评价内容	优秀(10 分)	良好(8 分)	合格(6 分)	需要改进(4 分)	不合格(2 分)
操作流程规范性					
仪器设备使用					
检测工作准备					
数据记录及整理					
问题解决能力					
安全操作意识					
团队合作精神					
积极主动性					
分析判断能力					
工作效率					
总评价分数					
评价人					
评价日期					

表 1-3-4　创新设计挑战考核评价表

项目课程名称		姓名	
项目名称		时间	
评价项目	评分标准	评分	得分
设计思路	创新性和实用性	15	
功能设计	功能完备性和合理性	10	
交互设计	用户体验和界面友好度	10	
技术实现	技术可行性和成熟度	15	
安全性设计	数据安全性和隐私保护	10	
可持续性设计	能耗和环保性	10	
成本控制	设备制造和运营成本控制	10	
测试计划	测试覆盖范围和测试方法	10	
项目计划	时间安排设定	5	
附加价值	额外功能或创新性的设想	5	
总得分			

任务1.4 素养提升

青春筑梦 矢志报国
——第45届世赛冠军郑棋元的技能成才路

郑棋元,男,汉族,云南技师学院实习指导教师,正高级工程师,电工高级技师。2018年以来,郑棋元获得多项表彰奖励:第45届世界技能大赛"移动机器人"项目金牌获得者、全国技术能手、享受国务院政府特殊津贴人员、首席技师、云南省技术能手、云岭工匠、全国青年岗位能手、全国优秀共青团员、兴滇人才奖获得者、安宁市"螳川人才培育"优秀人才配套奖补人员;第六届昆明市有突出贡献高技能人才;云南省人力资源和社会保障系统"先进个人"。

2012年,郑棋元来到云南技师学院就读,开启了他的技能报国之路。2014年年初,他参加了第43届世界技能大赛机电一体化项目云南省选拔赛,并以第一名的成绩获得参加全国选拔赛的资格,但在全国选拔赛时,因经验技术积累不足遗憾错失入选国家集训队的机会。但他没有灰心泄气,仍在竞赛的道路上坚定前行。在2019年4月的集中选拔赛中,为能够代表中国参加第45届世界技能大赛,郑棋元决定对机器人进行优化,使机器人由每次抓取1个球提升至每次抓取3个球。经过多个夜晚的准备,郑棋元和搭档终于完成了机器人的改进,任务完成时间较优化前缩短了30%以上,工作效率得以大幅提高。郑棋元和搭档出色地完成比赛,成功拿到了世赛"入场券"。拿到"入场券"的郑棋元很受鼓舞,但也清醒地认识到,前方还将面临更大的挑战,有东道主俄罗斯队、五连冠韩国队、历届强敌日本队等众多对手。他感觉到身上的责任更大、担子更重了。当穿上国家队队服的那一刻,郑棋元深知他代表的不是个人,而是中国,他技能报国的信念更加坚定了。世赛备战的5个月里,郑棋元没有一天松懈,经常训练到深夜,辗转在北京、广东、云南、南京等集训基地,即使感冒发烧、手腕拉伤,他也仍以顽强的意志和拼搏的精神投身于技术钻研,准备各种突发情况的应对措施。在俄罗斯喀山第45届世界技能大赛移动机器人项目赛程的第二天,郑棋元和搭档在比赛中出现了失误,比分落后,形势高度紧张,但他们一步步稳扎稳打,沉着应战,逐步减小比分差距,最终超越了暂时排名第一的五冠王韩国队,以763分的总成绩,夺得移动机器人项目的第一名,获得中国在世界技能大赛移动机器人项目中的首块金牌。此次夺冠,实现了中国选手参加世界技能大赛移动机器人项目"金牌零的突破"、云南省本土培养选手参加世界技能大赛"参赛零的突破"、云南省本土培养选手获得世界技能大赛"奖牌零的突破"。

项目2　入门级机器人创新设计

★ 项目概述

　　本项目旨在设计和开发六种不同类型的机器人，以满足不同场景下的需求。通过自动行走机器人的设计，实现其自主导航和路径规划能力；通过追光机器人的设计，掌握自动感知光源并跟随的方法；通过避障机器人的设计，理解躲避障碍的原理；通过循迹机器人的设计，清楚基本的循迹策略；通过蓝牙遥控机器人的设计，掌握蓝牙模块的配置与应用；通过二自由度机器人云台设计，掌握舵机的使用方法。这些机器人的设计将为不同领域提供更多的智能化解决方案和服务奠定基础。

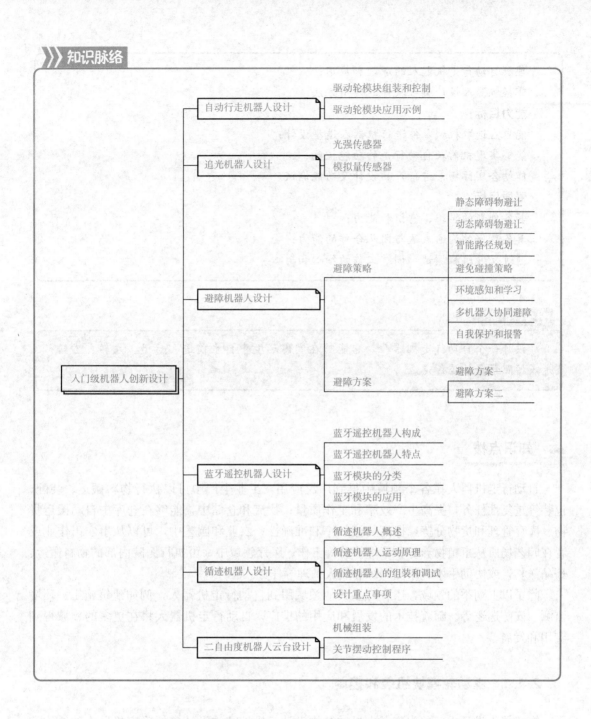

任务 2.1　自动行走机器人设计

知识目标

了解自动行走机器人在工业、农业、救援等领域的应用；

理解自动行走机器人的原理和应用；

掌握机器人设计编程软件的使用方法。

能力目标

能自主选取机械零件进行机器人造型设计；

能够实现机器人自动行走的功能控制；

能结合实际场景进行产品设计及功能调试。

素质目标

具备创新的思维、意识和能力；

具备良好的沟通表达与团队合作的能力；

通过反复编程调试，训练工作的细心和耐心。

任务描述

设计一个自动行走机器人，它能够在室内环境中自主前进、后退、左转、右转行走或按照预定轨迹行走。

知识点拨

自动行走机器人在各个领域中得到广泛应用：工业生产中可以执行物料搬运、装配、包装等重复性任务，提高生产效率和工作质量；物流和仓储中，能够在仓库中自动搬运货物、库存管理和货物分拣，提高物流效率和准确性；农业和园艺中，可以从事农田作业或者在园艺场所从事植物养护和草坪修剪等工作；医疗领域中，可执行医院内部的物料搬运、药品送货，或协助手术、康复训练和病人护理等任务。

除了以上列举的领域，还有许多其他领域用到自动行走机器人，例如建筑施工、环境监测、安防巡逻等。随着技术的发展和应用的推广，自动行走机器人将在更多的领域得到应用和发展。

2.1.1 驱动轮模块组装和控制

在机器人设计中，首先应考虑机械结构设计。机械结构设计包括确定机器人的结构和形状，选择合适的材料和部件，设计机器人的关节和连接方式，以确保机器人能够稳定地行走并承受负载。选取"探索者"平台为例，举例说明自动行走机器人的底盘机械机构搭建及控制过程。

（1）组装一个如图 2-1-1 所示的驱动轮模块。

1）结构说明：这种驱动轮模块，就是将 1∶10 模型轮胎通过联轴器安装在 1∶87 直流减速电动机的输出头上。初次组装有一定难度。

2）运动特性：输出转矩，轮子转动的角速度、转动方向与电动机一致，线速度一般，力量一般，摩擦力较大。

（2）将 Basra 主控板、BigFish 扩展板、锂电池和驱动轮模块连接成电路，如图 2-1-2 所示。

图 2-1-1　驱动轮模块

图 2-1-2　电动机与主控板连接

驱动模块连接视频资源 2.1.1

（3）在图形化编程界面 Ardublock 中编写如图 2-1-3 所示的驱动轮供电转动程序并烧录。

电机控制模块

图 2-1-3　驱动轮供电转动程序 1

当直流电动机连在 D9/D10 针脚（BigFish 下方左侧的直流接口）时，可以通过把 D9 或 D10 置高来供电。单向转动时，图 2-1-3 程序的写法和图 2-1-4 程序的写法是等价的。需要正反转时，只能使用图 2-1-4 的完整写法。

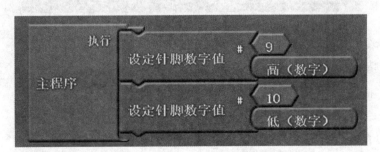

图 2-1-4　驱动轮供电转动程序 2

单击"上载到 Arduino"按钮之后，C 语言界面上自动生成了 C 语言代码。图 2-1-3 和图 2-1-4 所示的驱动轮供电转动程序对应生成的 C 语言代码如下：

```
void setup()
{
```

```
pinMode(9,OUTPUT);
}
void loop()
{
digitalWrite(9,HIGH);
}
```
和
```
void setup()
{
pinMode(9,OUTPUT);
pinMode(10,OUTPUT);
}
void loop()
{
digitalWrite(9,HIGH);
digitalWrite(10,LOW);
}
```
digitalWrite 有两个参数,很容易掌握,请对应图形程序观察、学习。

(4)采用上述方式更改供电端口号为 10、5、6,均可控制驱动轮模块转动。

(5)在图形化编程界面 Ardublock 中编写如图 2-1-5 所示的驱动轮转速控制程序并烧录。

图 2-1-5　驱动轮转速的控制

生成的 C 语言代码如下:
```
void setup()
{
pinMode(9,OUTPUT);
}
void loop()
{
analogWrite(9,255);
}
```
在这种写法下,可以利用 analogWrite 函数,通过改变 PWM 占空比来改变电动机的转动速度。analogWrite 函数通过 PWM 的方式在引脚上输出一个模拟量，较多地应用在 LED 亮度控制、电动机转速控制等方面。analogWrite 有两个参数，pin 和 value。参数 pin 表示所要设置的引脚，只能选择函数支持的引脚；参数 value 表示 PWM 输出的占空比，范围为 0～255 的区间，对应的占空比为 0%～100%。

修改 value，观察模块运动的变化情况发现，由于有负载，当 value 低于某值时，就已经带不动电动机了，因此 value 不需要取 0。

2.1.2 驱动轮模块应用示例

1. 双轮支点结构与差速转动

组装一个如图 2-1-6 所示的双轮加支点型底盘。

(1)结构说明：这种机构由两个驱动轮模块构成，加长尾的目的是防止电动机与地面摩擦，并提供一定的平衡性。可以说这是最简单的具备完整运动能力的底盘，其机构简图如图 2-1-7 所示。

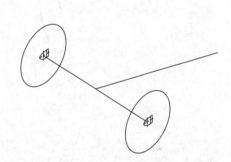

图 2-1-6　双轮加支点型底盘　　　　　　　　　图 2-1-7　机构简图

(2)运动特性：能完成前进、后退、左转、右转、原地旋转等动作，但底盘不是水平的，也不太稳定，前进并急刹时车尾容易翘起，后退时遇到地面坎坷容易被干扰，转动时采用的是差速转动。所谓"差速转动"，指主要依靠"两个轮子转动的方向和速度的各种搭配"完成各种动作，其差速运动关系如图 2-1-8 所示。

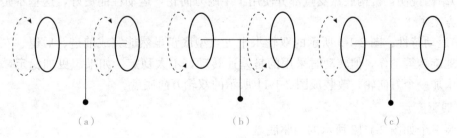

（a）　　　　　　　　　（b）　　　　　　　　　（c）

图 2-1-8　差速运动图解

(a)两轮同时正转：前进；(b)两轮同时反转：后退；(c)一转一停：以轮为圆心旋转

2. 双轮水平支点与差速旋转

组装一个如图 2-1-9 所示的双轮加水平支点型底盘。

(1)结构说明:图 2-1-6 所示的双轮加支点型底盘不是水平的,虽然不影响运动,但是在后期如果要加装传感器或其他电子模块的时候,会非常不方便,将底盘调整至水平的最简单方式就是改为图 2-1-9 所示的双轮水平支点型底盘结构。

(2)运动特性:能完成前进、后退、左转、右转、原地旋转等动作,不太稳定,前进并急刹时车尾容易翘起,后退时遇到地面坎坷容易被干扰,

图 2-1-9　双轮水平支点型底盘

转动时采用的是差速转动。差速转动除了图 2-1-8 所描述的 3 种方式之外,还有两种运动方式,如图 2-1-10 所示。

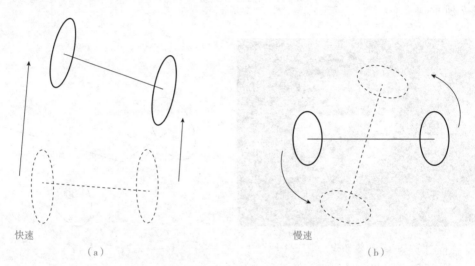

快速　　　　　　　　　　　　　　慢速

（a）　　　　　　　　　　　　　　（b）

图 2-1-10　差速运动图解 2

(a)同向一快一慢:转弯;(b)反向同速:原地旋转

3. 双轮万向底盘

组装一个如图 2-1-11 所示的双轮万向底盘。

(1)结构说明:机构底盘支点部分使用了牛眼万向轮,运动性能更好,这基本是个成熟的底盘方案了。

(2)运动特性:图 2-1-9 所示的双轮水平支点型底盘虽然能完成前进、后退、左转、右转、原地旋转等动作,但转动时采用的是差速转动,不太稳定。如果想更加稳定,可以在对面再增加一个万向轮,改装成图 2-1-11 所示的双轮万向底盘。

4. 四驱底盘

组装一个如图 2-1-12 所示的四驱底盘。

(1)结构说明:四驱底盘由 4 个驱动轮模块构成,其中有两个冗余的驱动轮,结构非常稳定,能提供更大的动力,从而在同样的负载下达到更高的速度。

图 2-1-11　双轮万向底盘

图 2-1-12　四驱底盘

(2)运动特性：四驱底盘能完成前进、后退、左转、右转、原地旋转等动作。运动时同侧的电动机必须同步转动，否则转速不同或方正相反严重影响运动效果，因此，分别控制4个电动机并不是一个好方案。可以将同侧驱动滚轮并联，用一个端口来控制两个驱动轮。

5. 履带底盘

组装一个如图 2-1-13 所示的履带底盘。

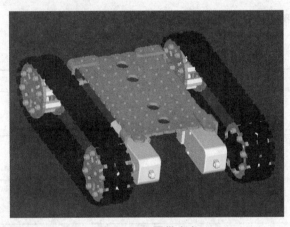

图 2-1-13　履带底盘

(1)结构说明：履带可以传送转矩到随动轮，从而让前后两组轮子都能转动。可拆卸的履带片方便使用者调整设计方案，从而构造不同长度和造型的履带。图 2-1-13 中履带更像是传送带，对于模型底盘、小型工程机械已经够用了，但是在实际工程中，往往需要增加更多的带轮、负重轮或者张紧轮，或者更换履带材质。

(2)运动特性：履带底盘运动能力更强，爬坡、翻越障碍的能力更强，转动灵活，摩擦力大，地形适应能力强。

履带轮底盘方案

实践活动

活动 1：任务分工

按照自动行走机器人设计任务描述，小组成员进行合理分工，并填写表 2-1-1 学生任务分配表。

表 2-1-1 学生任务分配表

班级		组号		指导教师	
组长		学号			

组员	姓名	学号	姓名	学号

任务分工：

活动 2：制定设计方案

制定自动行走机器人设计方案，并填写表 2-1-2 设计方案表。

表 2-1-2 设计方案表

设计要素	具体说明
目标和任务	
底盘设计	
控制系统	
电源系统	
场地环境搭建	
系统集成和测试	
备注	

上表 2-1-2 仅供参考，可以根据实际需求和情况，进一步添加细节和调整。

活动 3：设计与实施

设计与实施：按照前期制定的方案，进行机器人的器件选取、机器人本体及场景搭建、机器人编程控制功能调试，并完成表 2-1-3、表 2-1-4 的内容。

1. 选取自动行走机器人的组成器件

选取自动行走机器人的组成器件，并填写表 2-1-3。

表 2-1-3　工具和器件清单

序号	名称	型号与规格	单位	数量	备注

2. 搭建机器人本体及应用场景

说明机器人本体搭建步骤，并将组装过程填入表 2-1-4。

表 2-1-4　机器人本体组装过程

机器人本体组装步骤：
场地说明：

3. 编写机器人自动行走控制程序

按照搭建的机器人机构及应用场地特点编写控制程序。

引导问题1：机器人自动行走包括哪些动作？

_____

_____

引导问题2：如何让机器人按照既定的轨迹自主行走？

_____

_____

(1)请将编写的C程序指令代码写在下面的画线处。

_____

_____

_____

_____

(2)提交设计文档、实验数据和调试报告。

自动行走机器人
设计案例

评价反馈

针对自主行走机器人设计任务，按小组进行作品展示，师生根据完成情况进行评价，并填写表2-1-5。

表2-1-5 自主行走机器人设计评价表

序号	测定项目	允许偏差/mm	评分标准	分值	评价			综合评分
					自评	互评	师评	
1	讲解创意点		清楚、合理、全面	15				
2	作品的设计报告		条理清晰，内容准确全面	15				
3	机器人造型设计	对接缝隙小于等于2 mm	美观、大方、符合使用环境	15				
4	机器人本体搭建		稳定、牢固	15				
5	环境场地搭建	给出行走轨迹线路误差小于或等于2 mm	应用场景符合实际生产生活	20				

序号	测定项目	允许偏差/mm	评分标准	分值	评价			综合评分
					自评	互评	师评	
6	作品功能展示	行走偏差 小于等于 5 mm	有规律的自动行走轨迹，行走偏差在允许范围内	20				
总分								
参与评价人员签字	师评签字： 自评签字： 互评签字：							

任务 2.2　追光机器人设计

>> 学习目标

知识目标

了解光强传感器的工作原理及应用领域；

掌握光强传感器的检测及应用方法；

掌握编写追光机器人控制程序的基本方法。

能力目标

能够设计和优化追光机器人的机械系统；

能够利用光强传感器测量光的强度或光照水平；

能结合实际场景进行设计产品的功能调试。

素质目标

具备创新的思维、意识和能力；

具备良好的沟通与团队合作的能力；

具备持续学习和自我更新的意识，能够不断跟踪机器人设计和编程的最新技术和发展动态。

任务描述

设计一个具备单方向自动追光机器人，能够准确地跟随移动的光源移动，并保持稳定的距离和方向。

2.2.1 光强传感器

光强传感器(Intensity Sensor)是一种用于测量光线强度的传感器。它可以检测光线的亮度或强度,并将其转换为电信号输出。这些传感器通常使用光敏电阻(光敏电阻)或光电二极管作为测量元件。

光强传感器基于光敏物质的光感性能工作,当光线照射在光敏电阻或光电二极管上时,其电阻或电流随着光强度的变化而发生相应的变化。通过测量电阻或电流的变化,可以间接地推断出周围环境中的光线强度。

光强传感器可以应用于各种领域和应用场景,包括但不限于以下几个方面。

(1)环境光感应。光强传感器可以用于自动调节室内照明系统,根据光线强度的变化来实现智能感应控制。

(2)光线测量。光强传感器可以用来测量和检测光线的强度,例如太阳辐射强度的测量、室内外光照度的检测等。

(3)反射光检测。光强传感器可以用来检测物体表面的反射光强度,应用于自动化控制和检测系统中。

(4)光源追踪。光强传感器可以用来追踪移动的光源,例如在追光机器人或光学测量仪器中的应用。

(5)光照控制。光强传感器可以用来调节室内植物的生长和温室环境中的光照强度,以促进植物的生长和发育。

(6)安全监测。在一些安全监测系统中,光强传感器可以用来检测光源的强度变化,例如火焰检测、烟雾报警等。

由上述可见,光强传感器的应用多样化,用户可根据具体的需求选择合适的类型和规格。

2.2.2 模拟量传感器

模拟量传感器检测到的数值是某个范围内的许多数值。

(1)通过 Serial Monitor(串口监视器)获取。编写如图 2-2-1 所示的程序并烧录。

图 2-2-1 模拟量检测程序

编写的C语言代码如下:

```
void setup()
```

```
{
Serial.begin(9600);
}
void loop()
{
Serial.print(analogRead(14));
Serial.println();
}
```

(2)在"实用命令"菜单里可以找到"串口打印加回车"这个图形语句。"串口打印"是在串口监视器里显示对应的函数是 Serial.print()。把这个程序烧录之后，传感器与扩展板连接，并打开 Serial Monitor 查看检测到的数据。如图 2-2-2 所示，在图形化界面的上方最右侧，有 Serial Monitor 按钮。

图 2-2-2　图形化界面中的 Serial Monitor 按钮

在 C 语言界面的 Tools 菜单里面，也可以找到 Serial Monitor 选项，如图 2-2-3 所示。

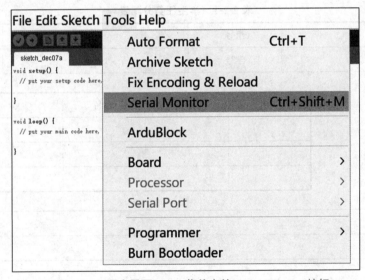

图 2-2-3　C 语言界面 Tools 菜单中的 Serial Monitor 按钮

另外，C 语言界面上方最右侧的"放大镜"按钮，也是 Serial Monitor，如图 2-2-4 所示。

图 2-2-4　C 语言界面中的 Serial Monitor 快捷按钮

打开 Serial Monitor 之后即可看到传感器获取的数据，如图 2-2-5 所示。

在监测过程中，主控板必须烧录上文提到的程序，且必须始终连在计算机上。掌握模拟量传感器的检测方法，就可以利用 Serial Monitor 去了解各种传感器的触发条件以及检测到的数据情况了。如果数据更新区块无法正常读取，也可以加上延迟语句，隔一段时间监测一次。

(3)注意。超声波、温湿度等传感器的功能比较复杂，不能直接监测，后面我们会陆续讲到它们的监测方法。

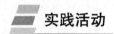
实践活动

活动1：任务分工

按照追光机器人设计任务描述，小组成员进行合理分工，并填写表 2-2-1。

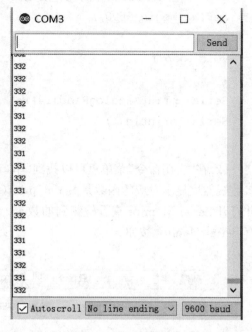

图 2-2-5　Serial Monitor 中传感器获取的数据

表 2-2-1　学生任务分配表

班级		组号			指导教师	
组长		学号				
组员		姓名	学号	姓名	学号	
任务分工						

活动2：制定设计方案

制定追光机器人的设计方案，填写表 2-2-2。

表 2-2-2 是基本的追光机器人设计方案表，设计者可以根据实际需求和情况添加细节并进一步调整。

表 2-2-2　设计方案表

设计要素	具体说明
目标和任务	
传感器系统	
底盘设计	
控制系统	
电源系统	
场地环境搭建	
系统集成和测试	
备注	

小提示

（1）安装一个光强传感器的机器人。当前方有光时，机器人顺着光的方向前进，此时LED 模块绿灯亮；当前方没有光时，机器人停止，此时 LED 模块红灯亮。

（2）安装两个光强传感器的机器人。在机器人的两侧安装光强传感器，哪一侧被触发就向哪个方向转动。

（3）安装多个光强传感器的机器人。在机器人的多个方位安装光强传感器，从各方位触发控制机器人多向动作。

活动 3：设计与实施

按照前期准备，进行追光机器人设计，包括选取机器人构成器件、机器人造型设计及本体搭建、机器人使用场景的创建、机器人编程控制功能调试，完成表 2-2-3～表 2-2-5内容。

1. 选取追光机器人设计的器件

选取追光机器人的组成器件，并填写表 2-2-3。

表 2-2-3　工具和器件清单

序号	名称	型号与规格	单位	数量	备注

2. 检测光强传感器

使用光强传感器前，需要先对其进行检测，确保传感器正常工作，能够准确且可靠地感知目标物或环境的信息。请填写表 2-2-4。

表 2-2-4　光强传感器检测表

检测器件名称			规格		
检测人员					
序号	检测项目	技术指标	检测方法		判定
综合判定					
返工重检记录					

3. 搭建机器人本体及应用场景

阐述机器人本体搭建步骤及应用场景，并填写表 2-2-5。

表 2-2-5　机器人本体组装及应用场景

机器人本体组装步骤：
场景说明：

4. 编写追光机器人控制程序

按照搭建的机器人机构及应用场地特点，编写控制程序。

(1)画出追光机器人控制流程图。

(2)请将编写的 C 程序指令代码写在下面的画线处。

活动 4：测试与改进

(1)机器人的追光能力扩展到多个光源的追踪，使机器人能够同时追踪和调整多个光源的位置和距离，并将测试结果及改进情况填入表 2-2-6。

追光机器人设计案例

表 2-2-6　测试与改进表

功能测试结果：
优化改进方案：

（2）提交设计文档、实验数据和调试报告。

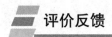 评价反馈

各小组展示作品，介绍任务的完成过程，开展评价，并分别填写表 2-2-7～表 2-2-9。

表 2-2-7　学生自评表

任务	完成情况记录
任务是否按计划时间完成	
相关理论完成情况	
技能训练情况	
任务完成情况	
任务创新情况	
材料上交情况	
收获	

表 2-2-8　学生互评表

序号	评价项目	小组互评
1	任务是否按时完成	
2	材料完成上交情况	
3	作品质量	
4	语言表达能力	
5	小组成员团结合作情况	
6	创新点	

表 2-2-9 教师评价表

序号	评价项目	教师评价	总评
1	学习准备		
2	规范操作		
3	完成质量		
4	关键操作要领掌握		
5	完成速度		
6	6S管理、环保节能		
7	参与讨论主动性		
8	沟通协作		
9	展示汇报		

任务 2.3   避障机器人设计

学习目标

知识目标

了解避障机器人常用的传感器模块；

掌握避障机器人的基本避障策略；

掌握机器人实验验证和评估设计有效性的方法。

能力目标

能自主选取机械零件进行机器人造型设计；

能够选择适当的避障策略，实现避障功能；

能结合实际场景进行产品设计测试及改进。

素质目标

具备创新的思维、意识和能力；

具备良好的沟通能力与团队合作能力；

通过反复编程调试训练工作的细心和耐心。

任务描述

设计一个避障机器人，自主选择超声波、近红外、触碰等传感器中的一种来识别障碍物信息，通过调整速度、改变方向或绕过障碍物等方式来避免碰撞。

　　随着机器人在工厂、仓库、酒店、商场、餐厅等环境中的广泛使用，人们对机器人的移动能力越发重视，以至于避障成为一个极为关键且必要的功能。人们希望机器人能在行走过程中通过传感器感知到妨碍其通行的静态或动态物体，然后根据采集的障碍物的状态信息，按照一定的方法进行有效避障，最终到达目标点。

　　实现避障与导航的必要条件是环境感知，在未知或者是部分未知的环境下避障需要通过传感器获取周围环境信息，包括障碍物的尺寸、形状和位置等信息，因此传感器技术在移动机器人避障中起着十分重要的作用。

　　机器人避障需使用的传感器有激光雷达、深度相机、超声波传感器、近红外传感器、触碰传感器、跌落检测等。

2.3.1　避障策略

　　避障控制的关键是合理选择避障策略，可根据具体的环境和要求进行调整，以下是一些常见的避障策略。

　　(1)静态障碍物避让。机器人通过传感器(如激光雷达或摄像头)检测到静态障碍物的位置和距离，并计算出绕过障碍物的最佳路径。机器人可以通过调整速度、转向或避让动作来规避静态障碍物。

　　(2)动态障碍物避让。机器人需要能够检测到移动的障碍物(如人或其他机器人)，并预测其运动轨迹，以避免与其碰撞。机器人可以采用规划和控制策略，在动态环境中实时调整速度和方向，确保与移动障碍物保持安全距离。

　　(3)智能路径规划。机器人可以利用算法和地图信息在未知环境中规划出安全且有效的路径。它可以综合考虑不同路径的风险和代价，选择最佳路径以避开障碍物。

　　(4)避免碰撞策略。机器人可以根据传感器的数据设定碰撞阈值并采取相应的措施。当机器人检测到与障碍物的距离低于设定阈值时，可以通过降低速度、减小机器人的体积或采取避让动作等方法来避免碰撞。

　　(5)环境感知和学习。机器人可以通过学习来提高避障能力。通过与环境的交互和实时传感器数据的分析，机器人可以逐渐学习并识别不同类型的障碍物，并改善自身的避障策略。

　　(6)多机器人协同避障。在多机器人系统中，机器人之间可以进行合作和通信，实现协同避障。它们可以共享环境信息和路径规划结果，避免碰撞并协同完成任务。

　　(7)自我保护和报警。机器人应该具备自我保护能力，能够在遇到无法避免的碰撞或异常情况时及时报警或采取自动停止的措施，以保护自身和周围的人员安全。

　　这些策略可以单独或结合使用，根据具体的应用场景和机器人的设计要求进行调整和优化，以实现高效、安全和可靠的避障能力。

2.3.2　避障方案

　　下面基于"探索者"平台设备，列举几种避障方案，以供参考。

（1）采用触碰传感器实现避障。将 Basra 主控板、BigFish 扩展板、触碰传感器、电动机等连好电路。要求小车持续前进，遇到障碍后后退并转向另一个方向行驶，以躲避障碍。

在图形化编程界面 ArduBlock 中编写如图 2-3-1 所示的避障程序并烧录。

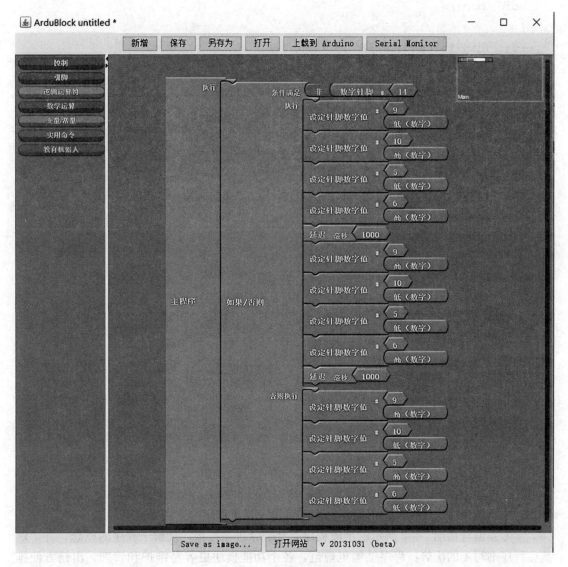

图 2-3-1　避障参考程序 1

触碰传感器的触发条件是"低电平"，而 数字针脚 # 14 语句意思是"14 号数字针脚获得高电平"，因此要在前面加一个逻辑运算符 非 。

编写 C 语言代码如下：

```
void setup()
{
pinMode(14,INPUT);
pinMode(9,OUTPUT);
```

```
pinMode(10,OUTPUT);
pinMode(5,OUTPUT);
pinMode(6,OUTPUT);
}
void loop()
{
if(! (digitalRead(14)))
{
digitalWrite(9,LOW);
digitalWrite(10,HIGH);
digitalWrite(5,LOW);
digitalWrite(6,HIGH);
delay(1000);
digitalWrite(9,HIGH);
digitalWrite(10,LOW);
digitalWrite(5,LOW);
digitalWrite(6,HIGH);
delay(1000);
}
else
{
digitalWrite(9,HIGH);
digitalWrite(10,LOW);
digitalWrite(5,HIGH);
digitalWrite(6,LOW);
delay(1000);
}
}
```

这个示例程序比较繁琐，下面我们来试试用设置子程序的方法来改写一下。

学习并编写如图 2-3-2 所示的避障程序，并烧录进主控板，理解子程序的概念，并了解其在程序书写上的优势：程序结构更规范，各个功能模块更容易维护和管理，出错方便排查。子程序图标为 子程序 和 子程序执行，双击改名。

编写 C 语言代码如下：

```
void turnright();
void back();
void forwards();
void setup()
{
```

```
pinMode(14,INPUT);
pinMode(9,OUTPUT);
```

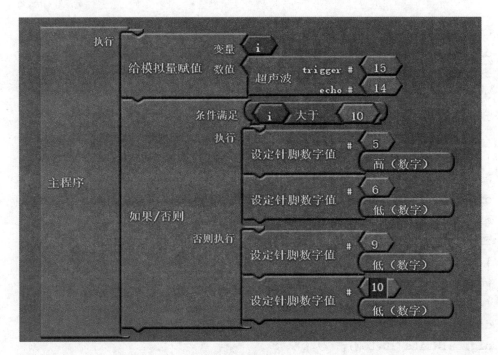

图 2-3-2　避障参考程序 2

```
pinMode(10,OUTPUT);
pinMode(5,OUTPUT);
pinMode(6,OUTPUT);
}
void loop()
{
if(! (digitalRead(14)))
{
back();
delay(1000);
turnright();
delay(1000);
}
else
{
forwards();
delay(1000);
36
}
```

```
    }
void turnright()
{
digitalWrite(9,HIGH);
digitalWrite(10,LOW);
digitalWrite(5,LOW);
digitalWrite(6,HIGH);
    }
void back()
{
digitalWrite(9,LOW);
digitalWrite(10,HIGH);
digitalWrite(5,LOW);
digitalWrite(6,HIGH);
    }
void forwards()
{
digitalWrite(9,HIGH);
digitalWrite(10,LOW);
digitalWrite(5,HIGH);
digitalWrite(6,LOW);
    }
```

按上述思路可将 3 个触碰传感器安装在合适的位置，实现避障。或者采用红外传感器进行避障，因控制思路相近，在此不展开赘述。

（2）将 1 个超声波感器安装在合适的位置，连好电路；编写程序，使机器人在不接触障碍物的情况下避障。

1）串口监视器测值。如图 2-3-3 所示，超声波有两个数据针脚，用到超声波专用的接口图块来完成监测。

图 2-3-3　超声波数据针脚

监测数据如图 2-3-4 所示。

如果拿一个尺子在超声波传感器前面移动障碍物，会发现这个监测到的数据确实是比较准确的距离值，单位是 cm。

2）测距算法。在超声波的示例程序中，查看图块生成 C 程序代码，会发现源代码比较复杂：

```
int ardublockUltrasonicSensor-
CodeAutoGeneratedReturnCM(int trig-
Pin,int
   echoPin)
   {
   long duration;
   pinMode(trigPin,OUTPUT);
   pinMode(echoPin,INPUT);
   digitalWrite(trigPin,LOW);
   delayMicroseconds(2);
   digitalWrite(trigPin,HIGH);
   delayMicroseconds(20);
   digitalWrite(trigPin,LOW);
   duration =  pulseIn ( echoPin,
HIGH);
   duration =  duration / 59;
   if((duration <  2)||(duration >
300))return false;
   return duration;
   }
   void setup()
   {
   Serial.begin(9600);
   digitalWrite(15,LOW);
   }
   void loop()
   {
   Serial.print(
ardublockUltrasonicSensorCodeAutoGeneratedReturnCM(15,14));
   Serial.println();
   }
```

图 2-3-4　超声波传感器监测到的数据

也可以直接在 C 代码编写界面编写以下 C 程序来实现功能：

```
# define ECHOPIN 14
# define TRIGPIN 15
void setup()
{
Serial.begin(9600);
pinMode(ECHOPIN,INPUT);
```

```
pinMode(TRIGPIN,OUTPUT);
}
void loop()
{
digitalWrite(TRIGPIN,LOW);
delayMicroseconds(2);
digitalWrite(TRIGPIN,HIGH);
delayMicroseconds(10);
digitalWrite(TRIGPIN,LOW);
float distance = pulseIn(ECHOPIN,HIGH);
distance= distance/58;
Serial.println(distance);
delay(500);
}
```

这两段代码功能相同，需要对比阅读。其编程思路是相同的，只是在数据处理上细节有些小差异。在其计算距离数值时，一个是用 59 做除数，一个是用 58 做除数。用户根据自己的需求，对代码进行选择使用或者改写。程序中的函数 pulseIn()，我们可以上网查询这个函数的功能。由于 Arduino 是一个国际通用的开源体系，所以用户量非常庞大，互联网上有海量的共享资源和交流人群，所以一定能搜索到。经过查询我们可以知道 pulseIn() 的功能是获取两个信号的时间差，即发出超声波到收到反射回来的超声波的时间差，单位是微秒。有了这个时间差，可以得出距离 D 等于：

距离 D＝声速 v×往返时间差 $t/2$

根据中学物理知识，我们知道，声波在空气中的传播速度是 340 m/s，但是这个数据是有前提的：在 1 个标准大气压和 15 ℃的条件下。经再次搜索可知，超声波在 1 个标准大气压和 20 ℃的条件下速度为 344 m/s。如果改成 cm/μs 为单位，那么：

$D = 344 \times 10^2 \times 10^{-6} \times t/2 = 0.017\ 2t \approx t/58$

所以超声波测距算法约定俗成地写成：

```
distance = pulseIn(ECHOPIN,HIGH);
distance= distance/58;
```

3）由上述分析可以写出超声波测距功能程序。若选择一个直流电动机，设定功能：当目标离它 10 cm 以下时，不动，超过 10 cm 时，开始转动，那么可以写成如图 2-3-5 所示的程序。

熟悉此程序后，便可改写这个程序，实现超声避障或跟随功能。

4）总结传感器使用方法。当我们遇到一个新的传感器时，首先阅读它的示例程序和资料，从而知道它的工作原理、信号输出针脚、信号类型、涉及的语句或函数，有不清楚的就去查询；进而通过串口监视器监测它的工作状态，验证它的工作方式和数据生成情况等；根据它的工作方式，将它安排在机身的合适位置，根据它的数据生成情况，编写合适的程序语句。

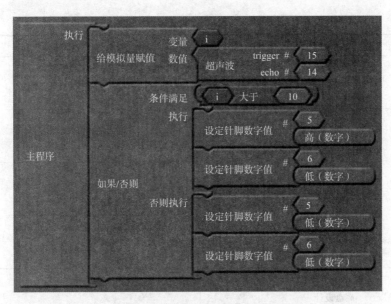

图 2-3-5 超声波测距功能参考程序

实践活动

活动1：任务分工

按照避障机器人设计任务描述，小组成员进行合理分工，并填写表2-3-1。

表 2-3-1 学生任务分配表

班级		组号		指导教师	
组长		学号			
组员					
	姓名	学号	姓名	学号	
任务分工					

活动2：制定设计方案

制定避障机器人的设计方案，并填写表2-3-2。

表 2-3-2　设计方案表

设计要素	说明	
目标和任务		
传感器系统	传感器类型：	
	传感器个数：	
	传感器连接：	
底盘设计		
控制策略		
电源系统		
场地环境搭建		
系统集成和测试		
备注		

表 2-3-2 所示是基本的避障机器人设计方案表，设计者可以根据实际需求和情况，进一步添加细节和调整。

活动 3：设计与实施

按照前期准备，进行避障机器人设计，包括机器人组成的器件选取、机器人造型设计及本体搭建、机器人使用场景的创建、机器人编程控制功能调试，并完成表 2-3-3、表 2-3-4 的内容。

1. 选取机器人设计的器件

选取避障器人的组成器件，并填写表 2-3-3。

避障机器人案例－近红外避障

避障机器人案例－超声波避障

避障机器人案例－触碰避障

表 2-3-3 工具和器件清单

序号	名称	型号与规格	单位	数量	用途

2. 搭建机器人本体及应用场景

说明机器人本体搭建步骤,并填写表 2-3-4。

表 2-3-4 机器人本体组装过程

机器人本体组装步骤:
应用场景说明:

3. 编写避障机器人控制程序

按照搭建的机器人机构及应用场地特点,编写控制程序。

(1)画出避障机器人控制流程图。

(2)请将编写的 C 程序指令代码写在下面的画线处。

采用 1 个超声波传感器实现避障功能。小车持续前进，距离障碍 10 cm 即后退并转向另一个方向行驶，以躲避障碍。参考 C 语言程序代码如下：

```
# define ECHOPIN A3 //使用宏定义对超声波模块连接的引脚进行定义
# define TRIGPIN 2
void setup()
{
pinMode(ECHOPIN,INPUT);
pinMode(TRIGPIN,OUTPUT);
pinMode(5,OUTPUT);
pinMode(6,OUTPUT);
pinMode(9,OUTPUT);
pinMode(10,OUTPUT);
}
void loop()
{
```

```
if(Distance()< 10){ //距离小于10 cm就执行下面的动作
//执行相应的动作
Back();
delay(3000);
Left();
delay(500);
}
else //距离不小于10 cm就执行这个动作
{
Forwards();
}
48
}
int Distance() //超声波距离测量函数,返回测量的距离
{
digitalWrite(TRIGPIN,LOW);
delayMicroseconds(2);
digitalWrite(TRIGPIN,HIGH);
delayMicroseconds(10);
digitalWrite(TRIGPIN,LOW);
int distance = pulseIn(ECHOPIN,HIGH);
distance= distance/58;
return distance;
}
void Left() //左转函数
{
digitalWrite(5,1);
digitalWrite(6,0);
digitalWrite(9,0);
digitalWrite(10,1);
}
void Right() //右转函数
{
digitalWrite(5,0);
digitalWrite(6,1);
digitalWrite(9,1);
digitalWrite(10,0);
}
void Forwards() //前进函数
{
```

```
digitalWrite(5,1);
digitalWrite(6,0);
digitalWrite(9,1);
digitalWrite(10,0);
}
void Back()//后退函数
{
digitalWrite(5,0);
digitalWrite(6,1);
digitalWrite(9,0);
digitalWrite(10,1);
}
```

活动 4：测试与改进

(1)将多个传感器安装在合适的位置，连好电路，使机器人获得较宽阔方向上的避障能力；或改写程序，使其表现出不同的避障效果。并将测试结果和改进情况填入表 2-3-5。

表 2-3-5　测试与改进表

功能测试结果：
优化改进方案：

(2)提交设计文档、实验数据和调试报告。

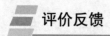
评价反馈

各小组展示作品，介绍任务的完成过程，开展评价，并分别填写评价表 2-3-6～表 2-3-8。

表 2-3-6　学生自评表

任务	完成情况记录
任务是否按计划时间完成	
相关理论完成情况	
技能训练情况	
任务完成情况	
任务创新情况	
材料上交情况	
收获	

表 2-3-7　学生互评表

序号	评价项目	小组互评
1	任务是否按时完成	
2	材料完成上交情况	
3	作品质量	
4	语言表达能力	
5	小组成员团结合作情况	
6	创新点	

表 2-3-8　教师评价表

序号	评价项目	教师评价	总评
1	学习准备		
2	规范操作		
3	完成质量		
4	关键操作要领掌握		
5	完成速度		
6	6S管理、环保节能		
7	参与讨论主动性		
8	沟通协作		
9	展示汇报		

任务 2.4　蓝牙遥控机器人设计

学习目标

知识目标

了解蓝牙遥控机器人常用的蓝牙模块；

掌握蓝牙串口模块的配置与调试方法；

掌握机器人实验验证和评估设计的有效性的方法。

能力目标

能自主选取机械零件进行机器人造型设计；

能够选择适当的蓝牙模块，实现遥控功能；

能结合实际场景进行产品设计测试及改进。

素质目标

具备创新的思维、意识和能力；

具备良好的沟通能力与团队合作能力；

通过反复编程调试训练工作的细心和耐心。

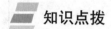 任务描述

　　设计一个自动行驶的四轮小车，选取合适的蓝牙模块，并将其与小车硬件进行集成。确保蓝牙模块能够与控制设备(如手机或计算机)进行通信，并能够接收控制指令。使用适当的编程语言和开发环境编写控制程序。程序应能够接收来自控制设备的蓝牙信号，并根据信号控制实现小车的前进、后退、左转和右转。测试小车的控制功能，确保它能够准确、稳定地响应控制指令。如有必要，对硬件和软件进行调试和优化，以提高小车的性能和稳定性。

▰ 知识点拨

2.4.1　蓝牙遥控机器人构成

　　蓝牙遥控机器人是一种能够通过蓝牙技术实现远程控制的机器人。它通常包括两部分：遥控设备和机器人本体。

　　遥控设备可以是智能手机、平板计算机等，通过蓝牙与机器人进行通信。用户可以通过特定的应用程序或软件界面，在遥控设备上发送控制指令给机器人，例如前进、后退、转向等。这些指令会通过蓝牙信号传输到机器人本体。

　　机器人本体一般由底盘、电动机、传感器和控制电路等组成。底盘提供了机器人的稳定支撑和移动功能，电动机驱动底盘的轮子或足部实现移动。传感器可以用来感知环境，例如感知距离、光线等。控制电路负责接收蓝牙信号，解析控制指令，并控制电动机和传感器的运行。

2.4.2　蓝牙遥控机器人特点

　　使用蓝牙遥控机器人能够提供便利、灵活、易用、实时和交互性等优势。这种控制方

式广泛应用于教育、娱乐、科研和工业等领域，为用户带来更加智能化和便捷的机器人控制体验。蓝牙遥控机器人具有以下特点和优势。

(1)可远程控制。使用蓝牙技术进行无线通信，用户可以在一定范围内远程控制机器人，提供了便利性和灵活性。

(2)简单易用。通过简单的界面或应用程序，用户可以轻松控制机器人的动作，不需要复杂的操作。

(3)具有一定的交互性。蓝牙遥控机器人可以与用户进行交互，例如通过传感器获取环境信息并反馈给用户，或者通过声音或图像进行语音或视觉交流。

(4)可用于教育和娱乐。蓝牙遥控机器人常被用于教育和娱乐目的，例如教学实验、科技竞赛、游戏娱乐等，能够提高学习和娱乐的趣味性和互动性。

2.4.3　蓝牙模块的分类

在蓝牙机器人中，通常会使用蓝牙模块来实现与其他设备(如智能手机、平板计算机等)之间的蓝牙通信。蓝牙模块是一种集成了蓝牙通信功能的电子模块，用于建立蓝牙连接和传输数据。以下是几种常见的蓝牙模块。

(1)蓝牙串口模块(Bluetooth Serial Module)。这种模块通常采用 UART 接口，可以直接与 MCU(Micro Controller Unit)或 SBC(Single Board Computer)等设备进行串口通信。它能够与其他蓝牙设备进行配对，并通过串口接口发送和接收数据。

(2)蓝牙 BLE 模块(Bluetooth Low Energy Module)。这种模块支持低功耗的蓝牙通信，适用于对电池寿命要求较高的应用。它通常具有较小的尺寸和较低的功耗，可以与智能手机等设备进行低功耗的蓝牙通信。

(3)蓝牙模块芯片(Bluetooth Module IC)。这种蓝牙模块是一种集成了蓝牙通信功能的芯片，常用的芯片厂家有 CSR、Nordic、TI(Texas Instruments)等。蓝牙模块芯片可以与其他设备集成在一起，提供蓝牙功能。

蓝牙模块通常具有一定的通信范围和传输速率，可以根据具体应用需求选择合适的蓝牙模块。在蓝牙机器人中，蓝牙模块通过与机器人的控制电路或处理器相连，实现与移动设备的蓝牙通信，使用户可以通过智能手机等设备来控制机器人的运动、接收传感器数据等。

2.4.4　蓝牙模块的应用

不同的蓝牙模块在应用设置上各有不同，下面以"探索者"平台蓝牙串口模块为例，介绍其应用设置过程。

"探索者"平台中的蓝牙串口模块的使用流程如下。

1. 蓝牙串口模块简介

蓝牙串口通信模块具有两种工作模式：命令响应工作模式和自动连接工作模式。在自动连接工作模式下模块又可分为主(Master)、从(Slave)和回环(Loopback)三种工作角色。当模块处于自动连接工作模式时，将自动根据事先设定的方式连接的数据传输；当模块处于命令响应工作模式时能执行下述所有 AT 命令，用户可向模块发送各种 AT 指令，为模块设定控制参数或发布控制命令。通过控制模块外部引脚(PIO11)输入电平，可以实现模块工作状态的动态转换，如图 2-4-1 蓝牙串口模块所示。

主要参数如下：

(1)蓝牙 2.0 带 EDR，2~3 Mbps 调制度；

(2)内置 2.4 GHz 天线，用户无须调试天线；

(3)外置 8 Mbit FLASH；

(4)低电压 3.3 V 工作，可选 PIO 控制；

(5)标准 HCI 端口(UART or USB)；

(6)USB 协议：Full Speed USB1.1，Compliant With 2.0；

(7)数字 2.4 GHz 无线收发射；

(8)CSR BC04 蓝牙芯片技术；

(9)自适应跳频技术；

(10)蓝牙 Class 2 功率级别。

2. 硬件连接

确保"探索者"平台上的蓝牙串口模块已正确安装并连接到机器人主控板上。通常蓝牙串口模块会使用 UART(串行通信)接口与主控板相连，如图 2-4-2 所示。

图 2-4-1　蓝牙串口模块　　　　　　　　图 2-4-2　硬件连接

3. 手机上安装蓝牙串口助手 App 并设置键盘命令

(1)下载并安装蓝牙串口助手 App。将蓝牙串口助手 .apk 安装到手机里，也可以在自己的手机应用商城中搜索"蓝牙串口助手"。

(2)设置蓝牙串口助手。

1)打开手机上已经安装好的蓝牙串口助手 App(图 2-4-3)，等待扫描结束后，会看到 HC-05(或 NULL)，单击搜索到的 HC-05 设备，初次连接需输入密码 1234 进行配对连接，如图 2-4-4 所示。

图 2-4-3　蓝牙串口助手 App 图标　　　　　　图 2-4-4　连接界面

2）配对成功后，会出现如图 2-4-5 所示的"连接设备"的界面。单击"连接设备"后，会出现图中的三种操作模式界面，如图 2-4-6 所示。除"键盘模式"外，另外两种模式不常用。

图 2-4-5　"连接设备"界面　　　　　　图 2-4-6　操作模式界面

3）单击"键盘模式"，出现如图 2-4-7 所示的界面，此时按照图示操作。

4）第 3）步完成后出现"配置键盘值"界面，如图 2-4-8 所示，就可以编辑自己需要的命令了。设置一个"前进"的命令，其步骤：首先单击界面中的任意一个"点我"，接着将"点我"删除，然后输入"前进"，最后在"按下发送值"这个文本框中添加"1"就完成了该命令的设置。如图 2-4-9、图 2-4-10 所示，按照同样的方式设置"后退""左转""右转""停止"的命令。完成这五个命令后的界面如图 2-4-11 所示。

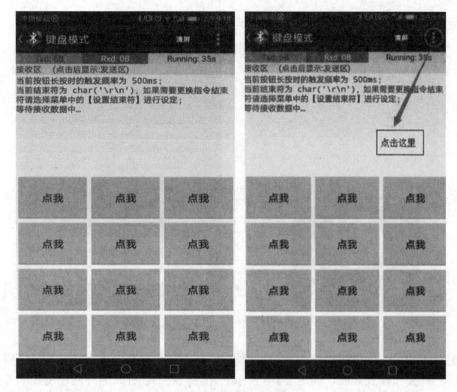

图 2-4-7　键盘模式设置

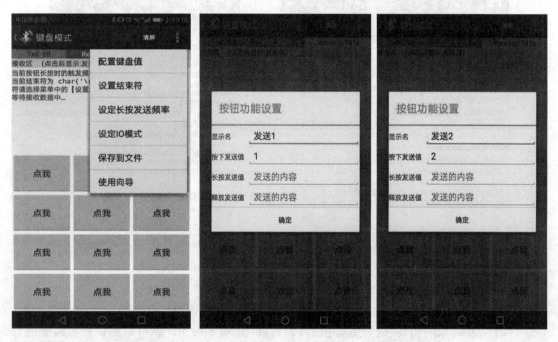

图 2-4-8　"配置键盘值"界面　　　　　　　　图 2-4-9　配置键盘值 1

5）最后一步按照图 2-4-12 中步骤操作，单击"保存键盘配置"按钮，就可完成命令的设置。

6）通过以上的配置后，即完成了键盘模式的配置。

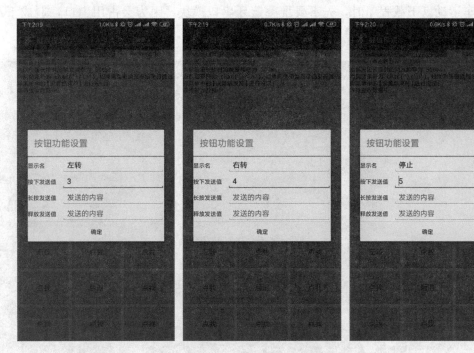

图 2-4-10   配置键盘值 2

图 2-4-11   配置完成界面

图 2-4-12   保存键盘配置模式

（3）编写程序。将蓝牙模块连接到 BigFish 扩展板上，并将 BigFish 插到控制板上。编写图形化编程，如图 2-4-13 所示，将程序下载到控制板中，实现用安卓手机 App 通过串口控制小车运动。下载程序时，先不要堆叠蓝牙串口模块，因为会占用串口，造成下载失败。

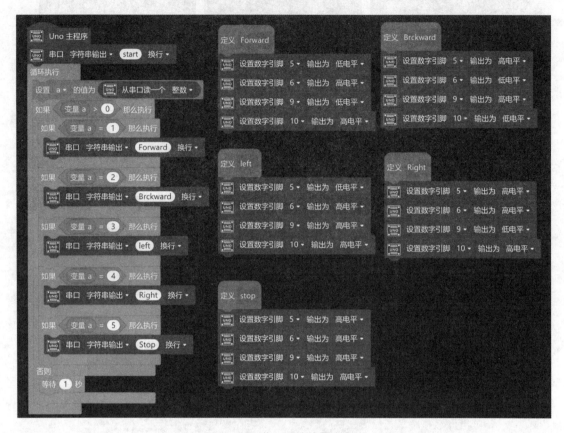

图 2-4-13　蓝牙遥控机器人程序

实践活动

活动 1：任务分工

按照设计任务描述，小组成员进行合理分工。填写表 2-4-1 学生任务分配表。

表 2-4-1　学生任务分配表

班级		组号		指导教师	
组长		学号			
组员		姓名	学号	姓名	学号

任务分工：	

活动 2：制定设计方案

制定蓝牙机器人的设计方案，填写表 2-4-2。

引导问题 1：你认为蓝牙遥控机器人有哪些潜在的应用领域？

_____

_____

_____

引导问题 2：在设计蓝牙遥控机器人时，你认为最重要的功能是什么？

_____

_____

_____

表 2-4-2　设计方案表

设计要素	说明
目标和任务	
传感器系统	
底盘设计	
控制策略	
电源系统	
场地环境搭建	
系统集成和测试	
备注	

表 2-4-2 所示是蓝牙遥控机器人设计方案表，可以根据实际需求和情况添加细节并进行调整。

活动 3：设计与实施

按照前期准备，进行蓝牙机器人设计，包括机器人组成的器件选取、机器人造型设计及本体搭建、机器人使用场景的创建、机器人编程控制功能调试，完成表 2-4-3、表 2-4-4 内容。

蓝牙控制机器人
设计案例

1. 选取机器人设计的器件

选取蓝牙机器人的组成器件，填写表 2-4-3。

表 2-4-3　工具和器件清单

序号	名称	型号与规格	单位	数量	用途

2. 搭建机器人本体及应用场景

说明机器人本体搭建步骤，填写表 2-4-4。

表 2-4-4　机器人本体组装过程

机器人本体组装步骤：

3. 编写蓝牙机器人控制程序

按照搭建的机器人机构及应用场地特点编写控制程序。

(1)画出蓝牙机器人控制流程图。

(2)请将编写的 C 程序指令代码，写在下面的画线处。

活动4：测试与改进

(1)功能测试和改进是设计蓝牙遥控机器人的重要环节。对机器人进行基本的功能测试。例如：测试机器人的遥控操控性能、传感器功能等；将机器人放置在真实的使用场景中进行测试，验证其在实际环境下的性能和稳定性；将机器人提供给一些用户进行试用，并收集他们的反馈，评估机器人的使用体验，并提出改进建议。将测试结果和改进情况填入表 2-4-5。

表 2-4-5　测试与改进表

功能测试结果：
优化改进方案：

(2)提交设计文档、实验数据和调试报告。

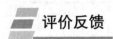 评价反馈

各小组展示作品，介绍任务的完成过程，并填写表 2-4-6～表 2-4-8。

表 2-4-6　学生自评表

任务	完成情况记录
任务是否按计划时间完成	
相关理论完成情况	
技能训练情况	
任务完成情况	
任务创新情况	
材料上交情况	
收获	

表 2-4-7　学生互评表

序号	评价项目	小组互评
1	任务是否按时完成	
2	材料完成上交情况	
3	作品质量	
4	语言表达能力	
5	小组成员团结合作情况	
6	创新点	

表 2-4-8　教师评价表

序号	评价项目	教师评价	总评
1	学习准备		
2	引导问题填写		
3	规范操作		
4	完成质量		
5	关键操作要领掌握		
6	完成速度		
7	6S管理、环保节能		
8	参与讨论主动性		
9	沟通协作		
10	展示汇报		

任务 2.5　循迹机器人设计

学习目标

知识目标

熟悉机器人组装的标准流程和相关资料的查阅方法；

理解机器人组装方案的制定方法和零部件清单的列出过程；

理解机器人软硬件组装流程和程序设计的基本步骤；

掌握程序的安装方法和软硬件组装的质量检验方法。

能力目标

能够查阅相关资料，制定机器人组装的方案和设计流程；

能够制定不同的机器人组装方案，并根据方案列出零部件清单；

能够独立完成机器人的组装，按照流程正确组装机器人，并进行程序设计；

能够检验机器人的软硬件组装质量，确保机器人能够完成任务要求。

素养目标

具备查阅和整理相关资料的能力，对机器人组装有规划和组织的能力；

具备耐心和细致的工作态度，能够细致地组装机器人并进行质量检验；

具备与他人合作的能力，能够在教师的指导下完成机器人的组装和程序安装；

具备问题解决和总结归纳的能力，能够填写任务工单并对整个过程进行反思和总结。

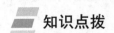 **任务描述**

　　设计循迹机器人能够识别预先设定的轨迹，如黑色线条图案，机器人应能够准确地跟随该轨迹移动(图 2-5-1)。

图 2-5-1　黑色线条图案

知识点拨

2.5.1　循迹机器人概述

　　循迹机器人是一种能够跟随指定轨迹移动的智能机器人。通过使用传感器和算法，循迹机器人能够识别和跟踪指定的轨迹，同时避开障碍物，以实现自主导航和移动。循迹机器人常用于工业自动化、仓储物流、室内导航等领域。

2.5.2　循迹机器人运动原理

　　通过识别地面上的黑线或者白线，实现机器人按规定线路自动运动，多采用灰度传感器，并且至少要有 2 个灰度传感器来完成循迹任务。当只安装一个灰度传感器时，很容易偏离轨迹后无法返回至规划线路中。一旦机器人偏离轨迹就不好办了，所以还要想办法在机器人快要离开轨迹的时候把它拉回来，这样就需要另外一个传感器。推荐至少用到两个灰度传感器：一个安装在底盘头部左侧；一个安装在底盘头部右侧。如果左侧传感器检测到轨迹，说明机器人右偏，就向左行驶来纠正；同理，如果右侧传感器检测到轨迹，说明机器人左偏，就向右行驶来纠正。这样就保证轨迹始终在两个传感器之间。检测原理如图 2-5-2 所示。

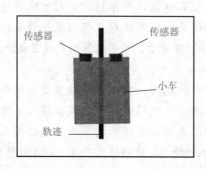

图 2-5-2　检测原理

2.5.3　循迹机器人的组装和调试

1. 传感器安装

将两个灰度传感器安装在四驱动轮底盘的底部前端，传感器距离车轮越远效果越好，具体位置请自己尝试，连好电路。

2. 轨迹铺设

在白色场地上用黑色绝缘胶带(宽度在小于两个灰度传感器之间距离前提下越宽效果越好)铺设一条轨迹，轨迹是直线、弧线、圆均可。循迹机器人的功能要求在如图 2-5-1 所示的场地上，能够自动沿着黑线行驶。

根据传感器触发情况、设置循迹机器人行驶状态、列出对应行为策略见表 2-5-1。

表 2-5-1　循迹策略表

传感器 1	传感器 2	机器人状态	动作
0	1	机器人左偏	向右调整
1	0	机器人右偏	向左调整
1	1	到达终点	停止
0	0	正常	前进

3. 编写循迹机器人控制程序

循迹机器人图形化控制程序如图 2-5-3 所示。

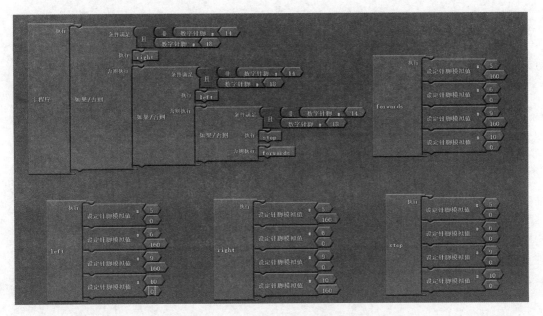

图 2-5-3　循迹机器人图形化控制程序

生成C语言代码如下：

```
void stop();
void left();
void right();
void forwards();
void setup()
{
pinMode(18,INPUT);
pinMode(14,INPUT);
pinMode(10,OUTPUT);
pinMode(6,OUTPUT);
pinMode(5,OUTPUT);
pinMode(9,OUTPUT);
}
void loop(  )
{
if((! (digitalRead(14)) && digitalRead(18)))
{
right();
}
else
```

```
{
if((digitalRead(14)&& ! (digitalRead(18))))
{
left();
}
else
{
if((! (digitalRead(14))&& ! (digitalRead(18))))
{
stop();
}
else
{
forwards();
}
}
}
}
void stop()
{
analogWrite(5,0);
analogWrite(6,0);
analogWrite(9,0);
analogWrite(10,0);
}
void right()
{
analogWrite(5,150);
analogWrite(6,0);
analogWrite(9,0);
analogWrite(10,150);
}
void forwards()
{
analogWrite(5,150);
analogWrite(6,0);
analogWrite(9,150);
analogWrite(10,0);
}
void left()
```

```
{
analogWrite(5,0);
analogWrite(6,150);
analogWrite(9,150);
analogWrite(10,0);
}
```

2.5.4　设计注意事项

机器人底盘结构、场地、电动机速度等因素，对循迹效果影响非常明显。设计时注意以下几点。

(1)传感器与底盘的车轮距离要尽量远，否则会造成小车转弯角度过大，可以用杆件等加长距离或改变电动机的安装位置。

(2)当地面状况不平整时，应防止将万向轮安装在设备前端，以免引起运行障碍。

(3)传感器与地面距离为 1～3 cm，烧录图 2-5-4 所示程序，在连接 USB 的状态下，打开 Tools→Serial Monitor 选项，监测传感器是否可以正确触发，帮助确定合适的传感器安装位置以及场地。

图 2-5-4　烧录程序

这个程序可以调用串口显示功能，在 Serial Monitor 中显示 A0 端口传感器触发状态，未触发显示 0，触发显示 1。

(4)灰度场地背景颜色要尽量浅，最好就是白色，要尽量平整。对于 2 个传感器的小车来说，黑线的宽度很重要(2 个以上传感器，黑线的宽度不要求)。由于两个"探索者"平台黑标传感器的检测头最近也要有 2.5 cm 左右的距离，因此黑线不应小于 2.5 cm，如图 2-5-5 所示，否则会造成小车转弯角度太大。

图 2-5-5　传感器间距

（5）两个传感器安装时尽量靠近，传感器检测头的距离应和黑线宽度相当。

（6）循迹是一种高度综合性的机器人实验，对综合调试能力要求很高。就这个实验来说，程序很简单，但是机器人要走好很难。机器人的结构、传感器安装、传感器触发条件、场地状况的综合调试，比程序本身重要。在这个实验中，要把这些程序外因素的调试训练到位。

实践活动

活动1：任务分工

按照设计任务描述，小组成员进行合理分工，填写表2-5-2。

表2-5-2　学生任务分配表

班级		组号		指导教师	
组长		学号			
组员	姓名	学号	姓名	学号	
任务分工：					

活动2：制定设计方案

制定循迹机器人的设计方案，填写表2-5-3。

表2-5-3　设计方案表

设计要素	说明
传感器系统	
底盘设计	
循迹策略	

设计要素	说明
电源系统	
场地环境搭建	
系统集成和测试	
备注	

表 2-5-2 所示是循迹机器人设计方案表，可以根据实际需求和情况，进一步添加细节和调整。

活动 3：设计与实施

按照前期制定的方案进行循迹机器人设计，包括机器人组成的器件选取、机器人造型设计及本体搭建、机器人使用场景的创建、机器人编程控制功能调试。

1. 选取机器人设计的器件

选取循迹机器人的组成器件，填写表 2-5-4。

循迹机器人设计案例

表 2-5-4　工具和器件清单

序号	名称	型号与规格	单位	数量	备注

序号	名称	型号与规格	单位	数量	备注

2. 拓展设计机器人 3D 模型

如"探索者"平台零件不能满足机器人机构组装需要，可自行根据机器人的功能和外观需求绘制机器人的主体框架、关节、传动装置等基本结构，借助 3D 打印机打印设计模型，填写表 2-5-5。

表 2-5-5　机器人 3D 模型拓展设计

序号	步骤	具体描述
1	收集设计需求	
2	确定设计软件	
3	创建基本结构 （外观样式、尺寸）	
4	选择材质和颜色设置	
5	进行模型评估和测试	

3. 搭建机器人本体及应用场景

说明机器人本体搭建步骤，填写表 2-5-6。

表 2-5-6　机器人本体组装过程

机器人本体组装步骤：
应用场景说明：

4. 编写循迹机器人控制程序

按照搭建的机器人机构及应用场地特点编写控制程序。请将编写的程序写在下面的画线处。

_____
_____
_____
_____
_____
_____
_____
_____
_____

活动 4：测试与改进

对循迹机器人进行功能测试，填写表 2-5-7，说明功能测试结果及优化改进方案。

表 2-5-7　测试与改进表

功能测试结果：
优化改进方案：

◤◢◤ **小提示**

循迹机器人设计的关键部分是根据循迹的传感器数量建立循迹策略，编写控制程序，下面总结不同数量的传感器，建立不同循迹策略及编写控制程序的方法。

1. 有限状态机

有限状态机（Finite-State Machine）简称 FSM，表示有限个状态以及在这些状态之间的转移和动作等行为的数学模型。它把复杂的控制逻辑分解成有限个稳定状态，在每个状态上判断事件。有限状态机可以广泛地应用于机器人多个传感器触发组合状态的判断，大幅提高检测效率。以图 2-5-6 为例。

```
如果
机器人的某几个传感器触发了；
机器人的某几个电动机做了什么事；
做多久；
如果
机器人的另外某几个传感器触发了；
机器人的某几个电动机做了什么事；
做多久；
```

图 2-5-6　机器人程序编写思路

所以我们总是要用到大量的 if 语句。比如双轮小车的某个功能，其编程思路如图 2-5-7 所示。

```
如果
机器人的1 号传感器触发了；
机器人的左侧电动机顺时针转；
机器人的右侧电动机逆时针转；
持续5 秒；
如果
机器人的2 号传感器触发了；
机器人的左侧电动机逆时针转；
机器人的右侧电动机顺时针转；
持续5 秒；
否则
都不转
```

图 2-5-7　双轮小车编程思路

用伪码写出来，如图 2-5-8 所示。

```
if { Sensor(端口a，触发); //传感器触发时此句为真，否则为假//
{
Motor(L，顺);
Motor(R，逆);
Delay 5;
}
if { Sensor(端口b，触发); }
{
Motor(L，逆);
Motor(R，顺);
Delay 5;
}
else
{
Motor(L，停);
Motor(R，停);
}
```

图 2-5-8　双轮小车伪码

在只有一个传感器的情况下，我们假设这是个数字量传感器。那么我们可以得到一个状态表格，见表 2-5-8。

表 2-5-8　一个数字传感器状态表

状态序号	传感器 1
1	1
2	0

每个传感器有两个状态，当有两个传感器时，则有四个状态，见表 2-5-9。

表 2-5-9　两个数字传感器状态表

状态序号	传感器 1	传感器 2
1	1	1
2	1	0
3	0	1
4	0	0

如果我们用 if 语句写这四个状态，就显得比较长。在编程的时候，应将所有状态罗列出来减少机器人的程序缺陷(bug)。但是随着传感器的增多，状态数量按 2 的 N 次幂增加，大量的 if 语句使执行效率变得很低，经常出现识别不灵的情况。

当多个传感器的触发组合时，多考虑用到有限状态机的概念，有限状态机一般用 switch 语句来实现，见表 2-5-10：

表 2-5-10　Switch 语句语法结构

```
switch(s)
{
case 1 : {动作 1;}break;
case 2 : {动作 2;}break;
57
case 3 : {动作 3;}break;
case 4 : Act _ Stop(); break;
default:; break;
}
```

以上这段语句实现的关键，就是识别出表 2-5-8 中的 1、2、3、4——表示四个状态序号。如何让机器人识别到自己传感器的触发组合对应于 1、2、3、4 的哪个序号，把每组传感器返回值看成一个二进制数值，形成二进制状态表，见表 2-5-11。

表 2-5-11　两组传感器返回值对应状态表

传感器 1	传感器 2		二进制结果	十进制结果
1	1	➡	11	3
1	0		10	2
0	1		01	1
0	0		00	0

结果形成了一种新的、可计算的编码方式，见表 2-5-12。

表 2-5-12　两组传感器编码方式

新序号	传感器 1	传感器 2
0	0	0
1	0	1
2	1	0
3	1	1

因此，在明确传感器的触发状态后，对应设置序号；知道序号，就能确定传感器的触发状态。采用此序号有针对性地编辑 switch 语句，即可实现。

2. 算法精解

分析任务要求，可以使用以下算法来实现：

首先设置一个变量 s，用来存储传感器组的二进制状态序号。

运算符"<<"，这个运算符的意义是左移，如 $1<<n$，意思是 1 向左移动 n 位，空出来的数位用 0 填补。例如：$1<<1$，结果就是 10；$1<<2$，结果就是 100；$101<<1$，结果就是 1010。

若让机器人依次返回各个传感器的状态数值，首先获取的移到最右，其次获得的移到"倒数第二右"……以此类推，即可获得。

如两个传感器均触发：

先获得 1 号的数值（真）并左移 0 位，得 01 ；再获得 2 号的数值（真）并左移 1 位，得 10；两数值取"或"，即可得 11。

转化为程序语句：

```
s= 0;
for(i= 0;i< 2;i+ + )    //有 2 个传感器,i 取 2
{
s= s|(Servo(i+ 1,触发判断)< < i);    //获得传感器值、移位或运算
}
```

于是 switch 语句可以写为

```
switch(s)
{
case 0x00 : {动作 0;}break;    //序号也可以写作 16 进制数值
case 0x01 : {动作 1;}break;
case 0x02 : {动作 2;}break;
case 0x03 : {动作 3;}break;
default:    ;    break;
}
```

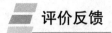 评价反馈

各小组展示作品，介绍设计过程，并填写下列评价表2-5-13～表2-5-15。

表2-5-13　学生自评价表

任务	完成情况记录
任务是否按计划时间完成	
相关理论完成情况	
技能训练情况	
任务完成情况	
任务创新情况	
材料上交情况	
收获	

表2-5-14　学生互评表

序号	评价项目	小组互评
1	任务是否按时完成	
2	材料完成上交情况	
3	作品质量	
4	语言表达能力	
5	小组成员团结合作情况	
6	创新点	

表2-5-15　教师评价表

序号	评价项目	教师评价	总评
1	学习准备		
2	规范操作		
3	完成质量		
4	关键操作要领掌握		
5	完成速度		
6	6S管理、环保节能		
7	参与讨论主动性		
8	沟通协作		
9	展示汇报		

任务 2.6　二自由度机器人云台设计

知识目标

理解机器人云台的基本原理、结构和功能；

熟悉二自由度机器人云台的设计要求和工作原理；

掌握机器人云台的驱动方式、控制系统和安全保护措施等知识。

能力目标

能够根据工作需求和荷载要求，选择合适的二自由度机器人云台结构；

能够设计机器人云台的驱动系统和控制算法，实现精确的定位和姿态调节控制；

能够对设计方案进行性能评估和验证，确保满足设计要求。

素养目标

培养创新思维，能够提出符合实际需求的二自由度机器人云台设计方案；

培养团队合作意识和沟通能力，能够与其他团队成员协作完成机器人云台设计任务；

培养解决问题和应对挑战的能力，能够在设计过程中发现并解决问题；

培养持续学习和自我提升的能力，能够跟随机器人技术的发展更新知识和技能；

培养责任心和专业道德，能够保护机器人云台的安全，遵守相关规定和法律。

任务描述

设计并开发一台二自由度云台机器人，用于实现精确的定位和方向控制。该云台由一个底座和一个可旋转的云台组成，云台上安装有相机设备等轻型监测设备，能够在水平方向和垂直方向上进行精确的转动和定位。

知识点拨

二自由度机器人云台是一种具有两个自由度（旋转轴）的机器人云台系统。它通常安装在机器人手臂末端或其他设备上的可旋转平台，用于实现末端工具的定位和姿态调节。它具有定位控制功能，通过控制云台的旋转角度和速度，可以实现精确的定位控制。云台的水平旋转和垂直旋转可以使末端工具在三维空间内自由移动和定位；云台可以控制末端工具在水平方向和垂直方向上的旋转，从而调整工具的姿态。这对于完成一些需要特定角度和姿态的工作任务非常重要，如装配、焊接、拍摄、测量等。二自由度机器人云台可以与其他机器人系统或传感器系统配合使用，实现更高级的功能。例如，可以将云台与视觉传感器相结合，实现精确定位和目标跟踪，使得机器人能够适应不同的工作任务和工作环境，提高工作的灵活性和精度。

2.6.1　机械组装

(1)结构说明：组装一个关节模块。这种关节模块在机器人的结构设计中极为常用，将多个关节模块串联累加，构成多自由度的机器人，每一个关节用到一个舵机，为一个自由度，从而实现机械臂、人形、多足仿生等机器人结构。

(2)运动特性：自由度机器人能较好地模仿生物的运动形态，只要自由度足够多，多数基本动作都能做，如人形机器人舞蹈表演，或者学习机器人运动学规划等。但是其结构缺少优化，缺少传动，能耗较大，做简单运动时冗余的自由度较多。在小尺度上，其用途非常广泛，常见于玩具、模型，如图 2-6-1 所示。

2.6.2　关节转动控制

在关节转动控制中，先将 Basra 主控板、BigFish 扩展板、锂电池和关节模块（舵机）连接成电路；基于 Arduino 环境，在图形化编程界面 Ardublock 中编写以下程序并烧录，如图 2-6-2 所示。

图 2-6-1　关节模块

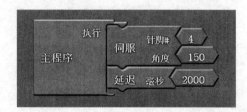
图 2-6-2　关节模块单项摆动程序

程序编写完成后烧录至主控板，通电进行功能测试结果：连接 4 号端口的舵机转到150°的位置后，不再动作。

C 语言代码如下：

```
# include < Servo.h>
Servo servo_pin_4;
void setup()
{
servo_pin_4.attach(4);
}
void loop()
{
servo_pin_4.write(150);
delay(2000);
}
```

注：定义针脚的函数为 servo_pin_4.attach(4)；定义角度位置的参数为 servo_pin_4.write(150)。

如果让舵机来回摆动，那么就要再增加一个位置。程序改成图 2-6-3 所示的程序。

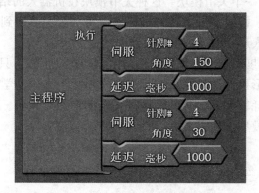

图 2-6-3　关节模块双向摆动程序

功能是先摆动到 150°的位置，保持 1 000 ms，再摆动到 30°的位置，保持 1 000 ms，然后不断循环。

```
# include < Servo.h>
Servo servo_pin_4;
void setup()
{
servo_pin_4.attach(4);
}
void loop()
{
servo_pin_4.write(30);
delay(1000);
servo_pin_4.write(150);
delay(1000);
}
```

如果把延时语句去掉，或者把延时缩短，观察运行的效果，并思考为什么会这样，如图 2-6-4 所示。

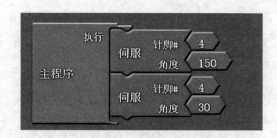

图 2-6-4　去掉延时后的程序

去掉延时，舵机并没有运行到指定的位置，而是在某个小角度范围内来回抖动。这是因为程序执行的速度很快，但是电动机的转速是有极限的，电动机还没来得及转到150°，就接到了转到30°的指令。必须给它足够的延时，它才能转到指定位置。

实践活动

活动1：任务分工

按照设计任务描述，小组成员进行合理分工，填写表2-6-1。

表2-6-1　学生任务分配表

班级		组号		指导教师	
组长		学号			
组员		姓名	学号	姓名	学号
任务分工：					

活动2：制定设计方案

制定二自由度机器人云台的设计方案，填写表2-6-2。

表2-6-2　设计方案表

设计要素	说明
目标和任务	
结构选择	
驱动方式	
安全保护	
系统集成和测试	

表 2-6-2 所示是二自由度机器人云台设计方案表,你可以根据实际需求和情况添加细节并做出调整。

活动 3:设计与实施

按照前期制定方案,进行机器人组成的器件选取、机器人造型设计及本体搭建、机器人编程控制功能调试等实施设计。

1. 选取组成器件

选取和确定机器人的组成器件,填写表 2-6-3。

表 2-6-3 工具器件清单

序号	名称	型号与规格	单位	数量	备注

2. 搭建机器人本体

简述机器人本体搭建步骤,填写表 2-6-4,完成机器人本体组装。

表 2-6-4 机器人本体组装

机器人本体组装步骤:
应用场景说明:

舵机云台下方的舵机可以提供一个左右摆动的动作，同时上方横置的关节模组可以提供一个上下摆动的动作。在这两部分的配合下，云台的执行端，即关节模组的 U 形支架，可以灵活地走出一个近似半球的运动轨迹。

云台机器人设计案例

3.编写云台控制程序

按照任务要求，编写控制程序。请将编写的程序代码写在下面的画线处。

_____

_____

_____

_____

_____

_____

_____

_____

_____

活动 4：测试与改进

(1)进行二自由度机器人云台功能调试，填写表 2-6-5，说明功能调试结果及优化改进方案。

表 2-6-5　调试与改进表

功能调试结果：
优化改进(如改进云台机构，使扫描范围更大)方案：

(2)提交设计文档、实验数据和调试报告。

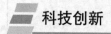

评价反馈

各小组展示作品，介绍设计过程，并填写表2-6-6、表2-6-7。

表2-6-6　设计作品考核评价表

评价指标	描述	得分
工作范围（15分）	考虑机器人云台需要覆盖的工作空间范围	
荷载能力（15分）	考虑机器人云台需要承载的最大负荷	
速度和精度（10分）	考虑机器人云台需要达到的最大速度和控制精度	
结构强度（10分）	考虑机器人云台所需的结构强度和稳定性	
驱动方式（10分）	考虑采用电动机驱动或液压驱动，以满足工作需求	
安全保护（10分）	考虑机器人云台所需的限位开关、碰撞检测和过载保护等安全保护措施	
成本效益（10分）	考虑设计方案的成本效益，包括制造成本和维护成本	
性能评估（10分）	进行模拟或实验评估，验证设计方案的性能和功能是否满足要求	
创新点（10分）	造型设计、机构设计、控制功能设计有明显亮点	
总分		

表2-6-7　设计过程评价考核表

序号	评价项目	小组互评	教师评价	总评
1	学习准备			
2	规范操作			
3	完成质量			
4	关键操作要领掌握			
5	完成速度			
6	6S管理、环保节能			
7	参与讨论主动性			
8	沟通协作			
9	展示汇报			

任务 2.7　素养提升

科技创新

焊匠出征
——埃斯顿焊接机器人成长密码

焊接是工业机器人应用重要的领域之一。其能在恶劣环境下连续工作，并能保证稳定的焊接质量，可大幅提高工作效率，降低生产成本。近年来，我国焊接机器人的应用呈急速发展的趋势，年平均增长率超过 40%。从工业机器人的应用功能来看，焊接功能是工业机器人的第二大应用功能，仅次于搬运上下料。从近些年的数据看，在全球市场，焊接机器人的占比约 20%，在中国市场，焊接机器人的占比约 33%。

埃斯顿基于机器人全产业生态链布局，携手 CLOOS 打造了高性能焊接机器人，结合数字孪生、大数据、边缘计算和机器学习技术，打造一站式数字化焊接解决方案。EWAS系列新推出两款焊接机器人：ER8-1500-CW 及 ER8-2000-CW。它们具备更高的运动速度、更高的重复定位精度和更高的轨迹精度等特点，可实现高精度和高速运行，满足激光焊接所需的精度和速度要求，在超高速模式下，可实现 100 mm/s，10 mm 直径圆弧焊接，焊接轨迹与理论轨迹误差小于 2%。埃斯顿赋能焊接自动化行业，焊接工艺向"高效率、高质量、数字化"方向不断发展，助力焊接数字化产业快速发展，打造数字化标杆工厂，助力中国智能制造产业高速发展。

中 篇
进阶实践篇

中篇

近世支那論

项目3 机器人创新设计的进阶实践

项目概述

机器人创新设计的进阶实践包括收集机器人设计、语音交互机器人设计和仿生机器人设计。本项目旨在帮助学生理解机器人抓取装置、仿生机构等典型硬件构造的组装流程,掌握舵机动作、循迹、Controller 上位机调试等控制程序设计的基本方法。通过该项目的学习,学生应培养创新思维能力、解决问题的能力,并为实际应用提供可行的机器人设计方案。

知识脉络

机器人创新设计的进阶实践

- 收集机器人设计
  - 抓取装置
  - 三自由度收集机器人的组装
  - 编程与调试
- 语音交互机器人设计
  - 语音交互机器人
  - 语音识别模块HBR640
- 仿生机器人设计
  - 仿生机器人机械结构设计
  - 编写和调试行走程序
  - Controller上位机应用

任务 3.1　收集机器人设计

学习目标

知识目标

了解几种机械爪的结构;

理解机器人组装方案的制定和零部件清单的列出过程;

理解收集机器人硬件组装流程和程序设计的基本步骤;

掌握程序的下载和调试方法。

任务描述

设计一个三自由度的收集机器人，利用超声波传感器来检测前方是否有物体，如果有物体就将其搬走，如果没有物体则继续前进。

知识点拨

收集功能其实是一个非常宽泛的描述，抓取、搬运、分类、整理都可以算是收集功能，所以关于具备收集功能的机器人的设计方向是非常多样的。

3.1.1 抓取装置

抓取装置是收集功能最直接的表现形式，其具有较强的稳定性、专一性和灵活性等特性，适用于收集体积不大、质量较轻的物品。我们所熟知的工业流水线上的机器人就属于这一类。下面是几个不同类型的机械爪案例：图 3-1-1 所示为齿轮式机械爪，图 3-1-2 所示为连杆式机械爪 1，图 3-1-3 所示为连杆式机械爪 2，图 3-1-4 所示为连杆式机械爪 3，图 3-1-5 所示为连杆齿轮混合机械爪。

图 3-1-1　齿轮式机械爪

实现了抓取的功能，我们还可以更进一步加强其灵活性，使其具备较强的运动能力，如设想它还具有运输功能，再如我们可以将机械手爪和机械臂结合搭载到小车上，其组装机构如图 3-1-6～图 3-1-9 所示。

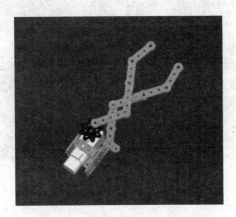

图 3-1-2　连杆式机械爪 1

图 3-1-3　连杆式机械爪 2

图 3-1-4　连杆式机械爪 3

图 3-1-5　连杆齿轮混合机械爪

图 3-1-6　双轮一自由度收集机器人

图 3-1-7　履带一自由度收集机器人

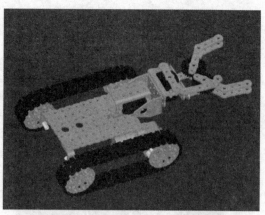

图 3-1-8 双轮二自由度收集机器人　　　　　　图 3-1-9 双轮二自由度收集机器人

3.1.2　三自由度收集机器人的组装

收集机器人的组装步骤见表 3-1-1。

表 3-1-1　收集机器人的组装步骤

第一步：选择 2 个直流电动机支架、1 个马达支架，用 4 个螺栓(8 mm)、4 个螺母将 3 个零件固定	
	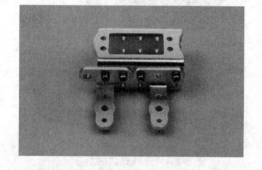
第二步：找到 1 个舵机，用 4 个螺栓(8 mm)和 4 个螺母将电动机固定到马达支架上	
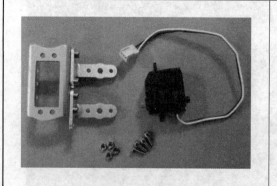	
第三步：找到 1 个机械手(40 mm)和 1 个输出头；先用 1 个舵机螺栓将输出头固定在舵机上，再用 2 个螺栓(8 mm)和 2 个螺母将机械手(40 mm)固定在输出头上	

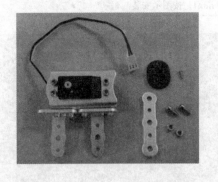 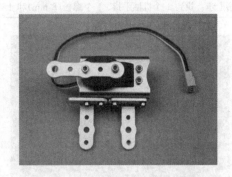

第四步：找到 1 个双足连杆、1 个螺栓(8 mm)、1 个螺母和一个轴套(5.3 mm)，将轴套套在螺栓(8 mm)上

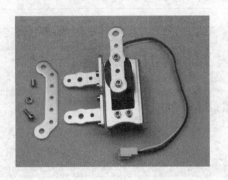 

第五步：将双足连杆安装到如图所示位置

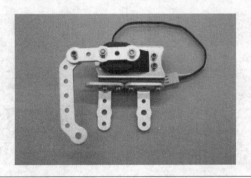

第六步：找到 2 个机械手指、1 个随动齿轮、1 个螺栓(16 mm)和 1 个螺母，并按图示安装

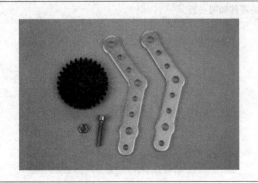 

第七步：找到 1 个机械手指、1 个螺栓（8 mm）和 1 个螺柱（15 mm），按图示安装

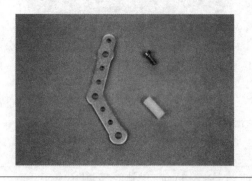

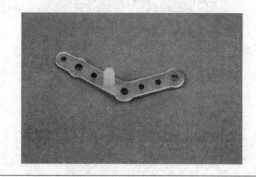

第八步：找到 1 个机械手指、1 个随动齿轮、1 个螺栓（16 mm）和 1 个螺母，按图示安装

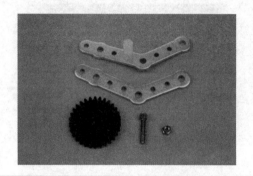

第九步：在安装的 2 个机械手上按图示分别安装 1 个轴套（10.4 mm）

第十步：找到 1 个 40 mm 机械手、2 个轴套（5.3 mm）、4 个小垫片、2 个螺栓（25 mm），如图所示放置

第十一步：用螺母将第五步、第九步、第十步组装完成的零件如图安装

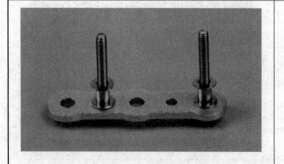

第十二步：找到 1 个螺栓(8 mm)、1 个轴套(2.7 mm)，将轴套套在螺栓(8 mm)上

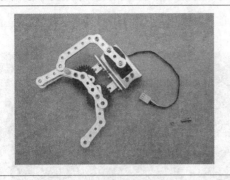

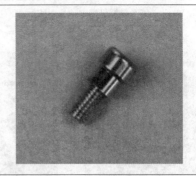

第十三步：用第十二步安装的螺栓(8 mm)和轴套将双足连杆和螺柱(15 mm)进行如图所示安装，完成齿轮传动机械爪的安装

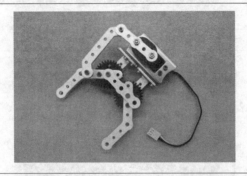

第十四步：为了增大抓握物体时的摩擦力，可在机械手指上套 4 个防滑胶套

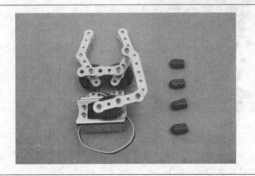

第十五步：用 4 个螺栓(8 mm)和 4 个螺母把舵机和马达支架装配在一起	第十六步：把舵机角度调整到中间位置后，用舵机螺栓锁上输出头
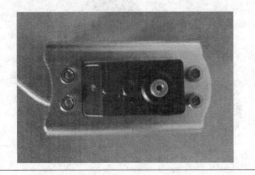	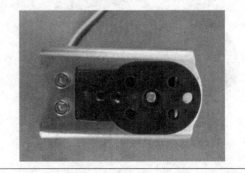

第十七步：用两个螺栓(8 mm)和 2 个螺母把舵机双折弯固定到输出头上，然后从后面扣上马达后盖输出头，并用两个螺栓(8 mm)和 2 个螺母固定，如图所示

第十八步：用 2 个螺栓(8 mm)和 2 个螺母将机械爪和关节模块组装在一起

第十九步：用 2 个螺栓(10 mm)和 2 个螺母将超声波传感器安装在机器人车体上	第二十步：用 2 个螺栓(8 mm)和 2 个螺母将 2×3 折弯安装在机器人车体上

第二十一步：用2个螺栓(8 mm)和2个螺母将马达支架安装在2×3折弯上	第二十二步：用4个螺栓(10 mm)和4个螺母将1个舵机安装在马达支架上

第二十三步：用舵机螺栓将输出头安装在舵机上	第二十四步：用2个螺栓(8 mm)和2个螺母将第十八步组装完成的机构安装在输出头上

3.1.3 编程与调试

机械手和超声波传感器安装好以后，用2根魔术绑带将主控板、扩展板和锂电池安装在机器人车体上，如图 3-1-10 所示。

图 3-1-10 传感器、机械手安装在车体上

安装好机器人机械手、超声波传感器、控制器和锂电池以后，将直流电动机与控制器相连接。以安装车轮的一端为车头，注意车头的左边直流电动机对应左边 D9、D10 针脚，车头的右边直流电动机对应右边 D5、D6 针脚；超声波传感器连接在 A0 端口；最下边舵机线连接到 D12、中间的舵机线连接到 D8、最上边舵机线连接到 D3，如图 3-1-11 所示。

进入 Mind＋软件编写控制程序，如图 3-1-12 所示。选好板型和 COM 口，将程序下载到控制板中。

观察实验效果：如果超声波传感器检测到前方有物体，就将其搬走；如果没有物体，则会继续前进。（实验测试视频效果及组装视频。）

图 3-1-11　整机组装

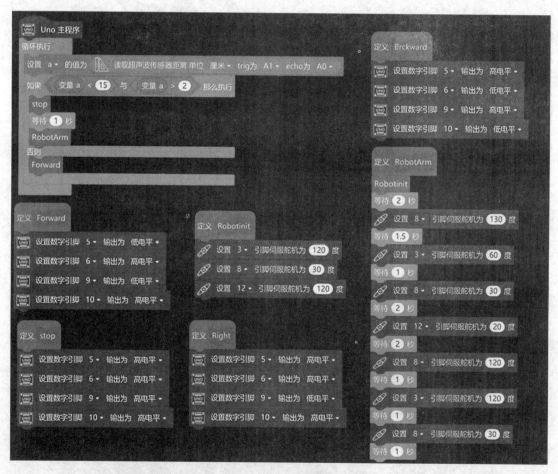

图 3-1-12　收集机器人控制参考程序

120

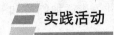 **实践活动**

活动1：任务分工

按照设计任务描述，小组成员进行合理分工，填写表3-1-2。

表 3-1-2　学生任务分配表

班级		组号		指导教师	
组长		学号			
组员					

姓名	学号	姓名	学号

任务分工

活动2：制定设计方案

制定收集机器人的设计方案，填写表3-1-3。

表 3-1-3　设计方案表

设计要素	说明
目标和任务	
传感器系统	
底盘设计	
机械手组装	
电源系统	
场地环境搭建	
系统集成和测试	
备注	

表 3-1-3 所示是收集机器人设计方案表，可以根据实际需求和情况，进一步添加细节和调整。

活动 3：设计与实施

按照前期制定的方案，进行收集机器人设计，包括机器人组成器件的选取、机器人造型设计及本体(不止限定于三自由度)搭建、机器人使用场景的创建、机器人编程控制功能调试，完成表 3-1-4 内容。

1. 选取机器人设计的器件

选取收集机器人的组成器件，填写表 3-1-4 工具和器件清单。

收集机器人设计案例

表 3-1-4　工具和器件清单

序号	名称	型号与规格	单位	数量	备注

2. 机器人 3D 模型拓展设计

如果"探索者"平台零件不能满足机器人机构组装需要，可自行根据机器人的功能和外观需求，绘制机器人的主体框架、关节、传动装置等基本结构，借助 3D 打印机打印设计模型。填写表 3-1-5。

表 3-1-5　机器人 3D 模型拓展设计

序号	步骤	描述
1	收集设计需求	
2	确定设计软件	
3	创建基本结构 （外观样式、尺寸）	
4	选择材质和颜色设置	
5	进行模型评估和测试	

3. 搭建机器人本体及应用场景

说明机器人本体搭建步骤。填写表 3-1-6。

表 3-1-6　机器人本体组装过程

机器人本体组装步骤：
应用场景说明：

4. 编写收集机器人控制程序

按照搭建的机器人机构及应用场地特点，编写控制程序。请将编写程序写在下面的画线处。

_____

_____

_____

_____

_____

_____

_____

_____

活动 4：测试与改进

（1）对收集机器人进行功能测试，填写表 3-1-7，说明功能测试结果及优化改进方案。

表 3-1-7　测试与改进表

功能测试结果：
优化改进方案：

(2)提交设计文档、实验数据和调试报告。

评价反馈

各小组展示作品，介绍设计过程，并填写表 3-1-8～表 3-1-10。

表 3-1-8　学生自评价表

任务	完成情况记录
任务是否按计划时间完成	
相关理论完成情况	
技能训练情况	
任务完成情况	
任务创新情况	
材料上交情况	
收获	

表 3-1-9　学生互评表

序号	评价项目	小组互评
1	任务是否按时完成	
2	材料完成上交情况	
3	作品质量	
4	语言表达能力	
5	小组成员团结合作情况	
6	创新点	

表 3-1-10　教师评价表

序号	评价项目	教师评价	总评
1	学习准备		
2	规范操作		
3	完成质量		
4	关键操作要领掌握		
5	完成速度		
6	6S管理、环保节能		
7	参与讨论主动性		
8	沟通协作		
9	展示汇报		

任务 3.2　语音交互机器人设计

学习目标

知识目标

了解语音交互机器人的工作原理；

掌握 HBR640 语音识别模块的配置及使用；

掌握机器人实验验证和评估设计的有效性的方法。

能力目标

能自主选取机械零件进行机器人造型设计；

能够选择适当的语音识别模块完成语音识别功能；

能结合实际场景进行产品设计测试及改进。

素质目标

具备创新的思维、意识和能力；

具备良好的沟通能力与团队合作能力；

通过反复编程调试训练工作的细心和耐心。

任务描述

　　语音控制对话机器人的控制命令分为"一级指令识别"和"二级指令识别"。需要先识别"一级指令"后，机器人才可以继续识别"二级指令"。设计默认的"一级指令"是"你好，机器人"；默认的"二级指令"有"前进""后退""左转""右转""唱首歌吧"。当你说出"你好，机器人"时，机器人立刻回答"收到"；你接着说"前进"，机器人立刻回答"前进1秒"，然后执行前进。当你又说"你好，机器人"时，机器人说"收到"；你再接着说"唱首歌吧"，机器人立刻播放出动听的音乐。

3.2.1 语音交互机器人

语音交互机器人是一种能够通过语音输入和输出与用户进行交互的智能系统。它使用语音识别技术将用户的语音指令转换为文本，然后通过自然语言理解技术解析和理解用户的意图和命令。接下来，对话管理模块根据用户的意图和命令来控制机器人的行为，并生成合适的回应。

语音交互机器人通常会有一个知识库或信息检索系统，用于提供相关的知识和信息，以回答用户的问题或提供服务。最后，语音合成技术将机器人的回应转换为自然流畅的语音输出，与用户进行实时的语音对话。

语音交互机器人可以应用于多个领域，例如，在个人助理中帮助用户管理日程，作为在线客服解答用户的问题，集成在智能音箱或智能家居设备中提供便利的控制和交互方式等。它的目标是提供便捷、智能和人性化的交互体验，使用户能够用自然的语言与机器进行沟通和操作。

3.1.2 语音识别模块 HBR640

1. 语音识别 HBR640 简介

语音处理技术是下一代多模式交互的人机界面设计中的核心技术之一。随着消费类电子产品中对于高性能、高稳健性的语音接口需求的快速增加，嵌入式语音处理技术快速发展。根据市场对嵌入式语音识别系统的需求，探索者推出了新的语音识别模块。该模块采用了基于 helios-adsp 新一代中大词汇语音识别处理方案的语音识别专用芯片 HBR640。非特定人语音识别技术可对用户的语音进行识别，支持中文音素识别，可任意指定中文识别词条(小于 8 个汉字)，单次识别可支持 1 000 条以上的语音命令。安静环境下，标准普通话识别率大于 95%，可自动检测环境噪声，噪声环境下也能保证较高的识别率。

2. 特点

(1)硬件特性。

1)增强型 16 位 NDSP 内核，工作频率 50 MHz，内建 32 K SRAM。

2)带有麦克风放大器的 16 位 ADC，用于语音录制。

3)带有 16 位高精度 DAC 及喇叭驱动电路，用于语音播放。

4)通过 SPI 接口读取 Flash 中的语音指令。

5)采用标准 UART 接口与主机进行通信。

6)工作电压 3.3~5.5 V，工作电流小于 30 mA，休眠电流小于 10 μA。

(2)识别引擎。

1)采用非特定人语音识别技术，可对用户的语音进行识别。

2)支持中文音素识别，可任意指定中文识别词条(小于 8 个汉字)。

3)单次识别可支持最大 100 条的语音命令，并支持识别命令分组，最大支持 1 200 条语音命令。

4)可对 0.2～3.2 s 的语音命令进行响应，响应时间 0.4～1.2 s。

5)安静环境下，标准普通话识别率大于 95%。

6)可自动检测环境噪声，噪声环境下也能保证较高的识别率。

(3)放音引擎。

1)支持 SBC 编码算法，提供高音质的语音播放效果。

2)可配置放音音量，适应不同场景。

3)最多支持 500 段语音提示。

(4)PC 工具。

1)可以很方便地编辑语音命令，并进行下载、测试。支持语音命令分组，支持多音字处理。

2)可以很方便地编辑提示语音，并进行下载、测试。

3. 参数

(1)高性能 32 位 RISC 内核，工作频率 120 MHz，内建 96 K SRAM。

(2)带有麦克风放大器的 16 位 ADC，信噪比>85 dB，外围电路简单。

(3)通过 SPI 接口读取 Flash 中的语音指令。

(4)采用标准 UART 接口与主机进行通信。

(5)工作电压 3.3～5.5 V，工作电流小于 50 mA，休眠电流小于 80 μA。

4. HBR640 潜在应用领域

HBR640 可以较简便地配置语音命令和语音提示，实现语音交互功能。用户可根据应用场景的不同自主配置语音命令列表和语音提示，因此极大拓展了其应用领域。其潜在的应用领域主要如下：

(1)智能语音玩具、故事机；

(2)智能家电；

(3)智能家居系统；

(4)车载设备；

(5)手持终端、导游机；

(6)物联网系统；

(7)医疗领域。

5. HBR640 通信接口

(1)通信接口。HBR640 芯片/模块与 PC/主芯片采用 RS-232 串口进行通信，通信过程见表 3-2-1。

1)标准 3 线 UART 口，RX/TX/GND。

2)波特率配置为 9 600、19 200、38 400、57 600、115 200(默认)。

3)9 bit 格式：1 bit 起始位，8 bit 数据位。

(2)通信协议。主机向从机发送 3 字节命令，从机返回 3 字节数据。

表 3-2-1　通信过程

命令	主机→从机	主机←从机	备注
初始化	0xA0 0xA0 0xA0	0x50 0x50 0x11	年新初始化0xLL为芯片版本
配置灵敏度	0xA1 0xLL 0xHH	0x51 0xLL 0xHH	配置麦克风灵敏度，0xLL(0x00-0x3F),HH(0x00-0x0F)
配置输入语音音量	0xA2 0xLL 0xHH	0x52 0xLL 0xHH	配置噪声和语音音量门限，0xLL(0x16-0x28)，0xHH(0x19-0x30)
配置识别组	0xA9 0xLL 0xHH	0x59 0xLL 0xHH	配置当前识别组为0xHHLL，返回0xHHLL，若不相等则错误
启动一次识别	0xAA 0xLL 0x00	0x5A 0xLL 0xHH	在0xLL(0x00不超时)秒内进行识别，返回识别结果0xHHLL(0x7FFF表示超时，0xffff表示有语音输入但无正确结果)，等待命令
启动连续识别	0xAB 0xAB 0x00	0x5B 0xLL 0xHH	返回识别结果0xHHLL后 (0xffff)表示有语音输入，但无正确结果后，继续进行识别（PC测试使用）
退出识别	0xAC 0xAC 0x00	0x5C 0x00 0x00	退出识别，等待命令
进入休眠	0xAE 0xAE 0x00	0x5E 0x00 0x00	进入低功耗模式
读取候选结果	0xAF 0xLL 0X00	0X5F 0xLL 0xHH	返回第0XLL (0-7) 个候选词条的序号0xhhll(0xffff表示无此候选)
播放语音	0XC8 0XLL 0XHH	0X78 0X00 0X00 / 0X78 0X01 0X00	播放第0XHHLL段语音。启动播放返回 0X78 0X01 0X00，错误文件返回 0X78 0X00 0X00。播放完成返回 0X79 0X01 0X00
停止播放	0XC9 0X00 0X00	0X79 0X01 0X00	
配置放音音量	0XCA 0XLL 0X00	0X7A 0XLL 0X00	配置放音音量为0XLL(0X00-0X0F)，0XLL返回当前音量

注：返回识别结果 0XHHLL，播放第 0XHHLL 段语音，都是以 0X0000 开始。可以使用串口测试工具配合 USB 转串口模块进行通信测试，如图 3-2-1 所示。

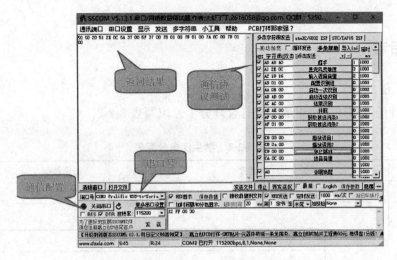

图 3-2-1　串口模块通信测试

6. 工作流程

(1)通电，等待 HBR640 初始化完成(约 0.5 s)。

(2)发送初始化命令，等待回传数据，握手成功。

(3)根据需要配置麦克风灵敏度(不配置则为默认的 0X2F、0X0B)。

(4)根据需要配置噪声门限(不配置则为默认的 0X0C)。

(5)根据需要配置放音音量(不配置则为默认的 0X0C)。

(6)配置识别命令组(复位后默认为第一组，无此步骤则保持上次分组)。

(7)启动一次识别，等待识别结果(可配置超时时间)。

(8)根据识别结果进行处理，或者读取候选识别结果进行处理。

(9)根据需要播放指定的语音段。

(10)重复(6)~(4)或(7)~(9)的步骤，实现语音互动。

(11)退出识别。

(12)进入低功耗模式。

具体的模式选择设置如图 3-2-2 所示。

7. 实物图片

实物图片如图 3-2-3 所示。

配置模式		将HBR640模块连接到计算机时，更新词条
运行模式		将HBR640模块连接到控制板时，语音识别

图 3-2-2　模式设置　　　　　　　　图 3-2-3　HBR640 模块实物

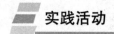

实践活动

活动1：任务分工

按照设计任务描述，小组成员进行合理分工。填写表3-2-2。

表3-2-2　学生任务分配表

班级		组号		指导教师	
组长		学号			
组员					

姓名	学号	姓名	学号

任务分工：

活动2：制定设计方案

制定语音交互机器人的设计方案。填写表3-2-3。

表3-2-3　语音交互机器人设计方案

项目	设计内容描述	负责人
用户需求		
对话流程及技术实现		
系统组件		
语音模块设置		
对话管理		

活动 3：设计与实施

按照前期设计方案，进行语音交互机器人设计，包括机器人组成的器件选取、机器人造型设计及本体搭建、机器人使用场景的创建、机器人编程控制功能调试，完成表 3-2-4、表 3-2-5 内容。

1. 选择工具和器件

表 3-2-4　工具和器件清单

序号	名称	型号与规格	单位	数量	备注

2. 搭建机器人本体

表 3-2-5　机器人本体搭建情况说明表

机器人本体构成：
外观设计要体现的主题或风格：

3. 调试机器人编程控制功能

（1）语音交互机器人的语音模块是实现语音输入和输出的关键组成部分，应进行语音模块设置。

语音模块设置步骤：

小提示

以"探索者"平台的语音识别模块 HBR640 为例，进行语音模块设置。

步骤 1：将 \ 语音识别模块 HBR640 文件夹复制至本机位置。

步骤 2：将语音 HBR640 模块更改为"配置模式"，如图 3-2-4 所示，并用一个 USB 线将主控板连接至计算机上。

配置模式			将HBR640模块连接到计算机时，更新词条

图 3-2-4　配置模式

将图 3-2-5 中的空程序烧录至主控板中。（注意：在烧录程序的时候，语音识别 HBR640 要从扩展板的扩展坞上拔下来。）

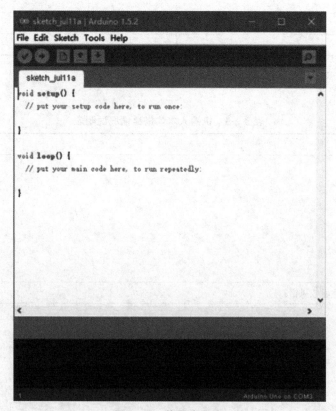

图 3-2-5　烧录空程序

语音交互机器人
设计案例

步骤 3：打开 HBR640 开发工具 SRTool.exe，如图 3-2-6 所示。

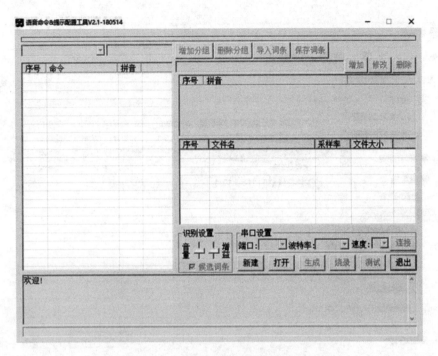

图 3-2-6　打开 HBR640 开发工具

步骤 4：先新建一个"HBR640 对话工程"文件夹，然后在软件中单击"新建"按钮，如图 3-2-7 所示，选择"HBR640 对话工程"文件夹，如图 3-2-8 所示，再创建一个文件名"duihua"，如图 3-2-9 所示，单击"保存"按钮，如图 3-2-10 所示。

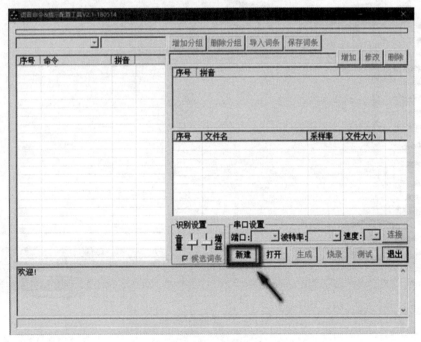

图 3-2-7　新建工程

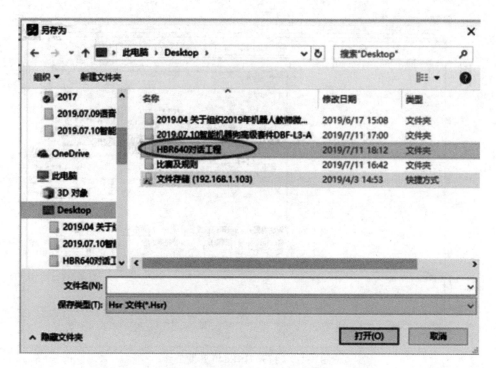

图 3-2-8 选择"HBR640 对话工程"

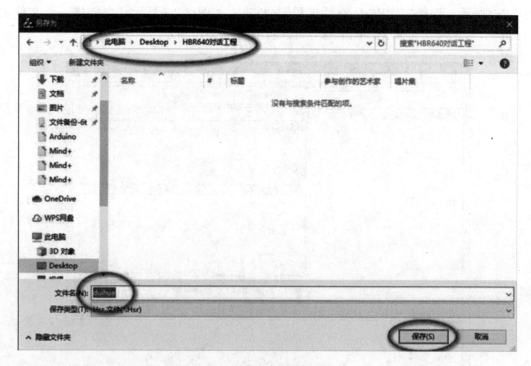

图 3-2-9 创建"duihua"

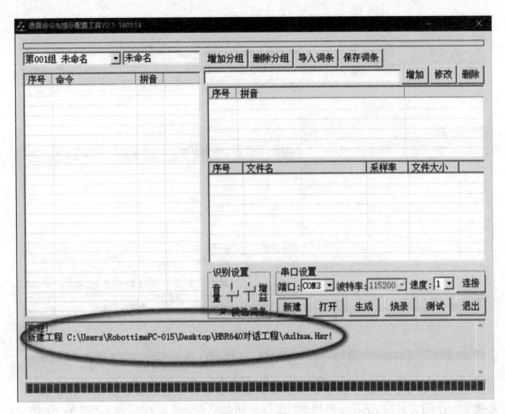

图 3-2-10 保存

步骤 5：在图 3-2-11 中的"未命名"区增加"对话"分组，如图 3-2-12 所示。

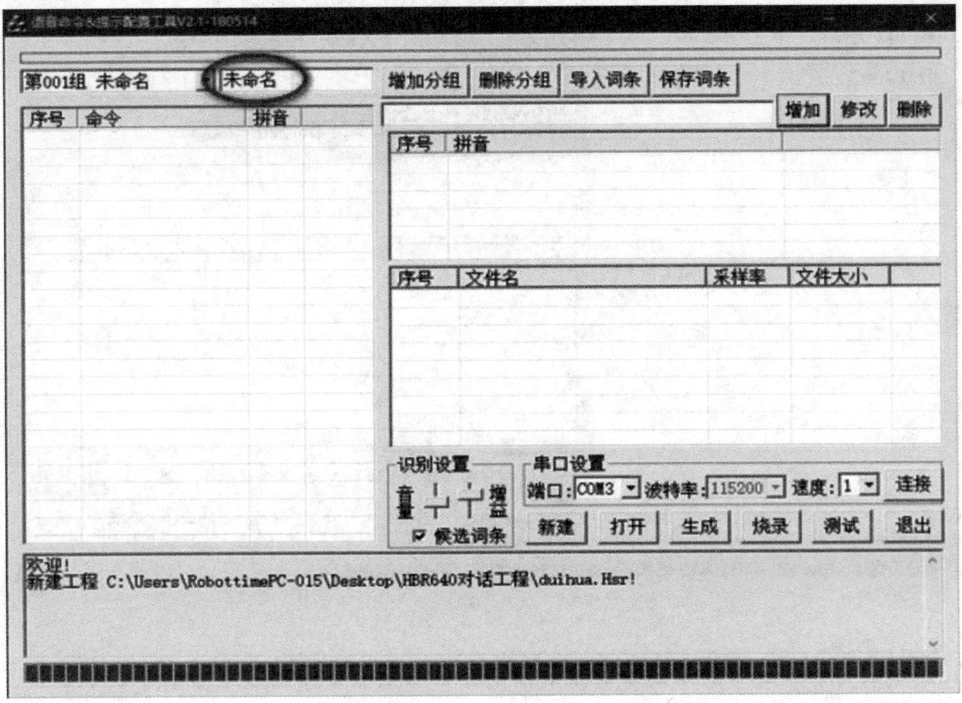

图 3-2-11 "未命名"区

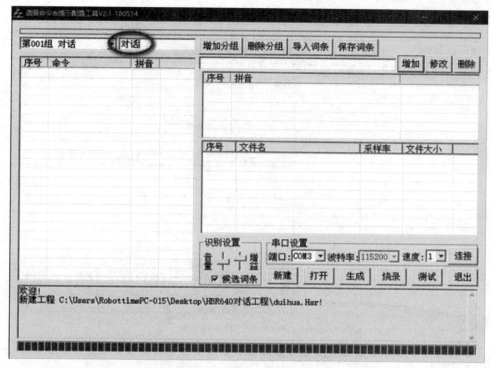

图 3-2-12　增加"对话"分组

步骤 6：在图 3-2-13 所示位置添加"你好，机器人"命令，然后单击"增加"按钮，即可将"你好，机器人"命令添加至左侧的词条列表中，如图 3-2-14 所示。

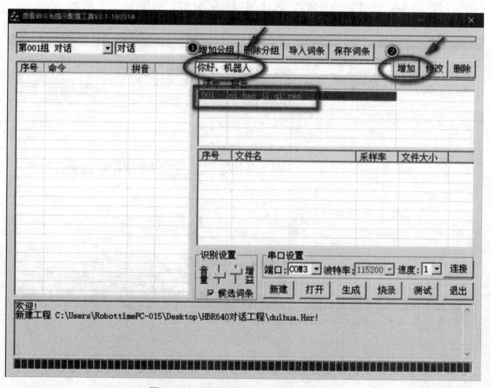

图 3-2-13　添加"你好，机器人"命令

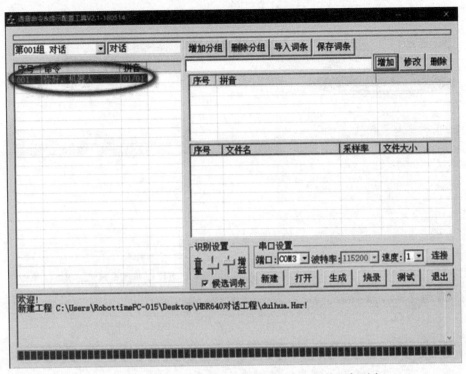

图 3-2-14　将"你好，机器人"命令添加至左侧的词条列表

步骤 7：在图 3-2-15 所示位置再添加"前进"命令，然后单击"增加"按钮，即可将"前进"命令添加至左侧的词条列表，如图 3-2-16 所示。

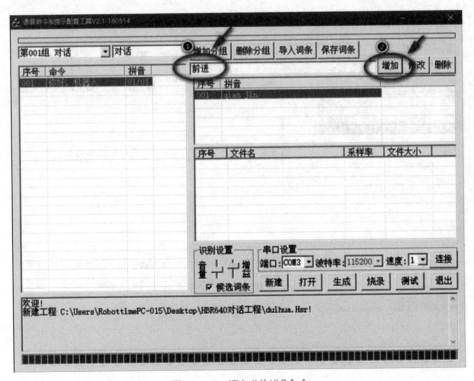

图 3-2-15　添加"前进"命令

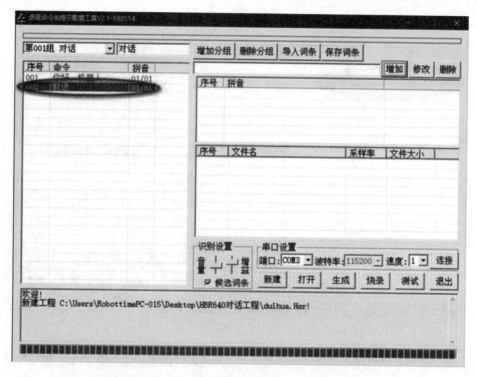

图 3-2-16　将"前进"命令添加至左侧的词条列表

步骤 8：按照步骤 6、步骤 7 的方式依次再分别添加"左转""右转""后退""唱首歌吧"命令至左侧的词条列表中，如图 3-2-17 所示。

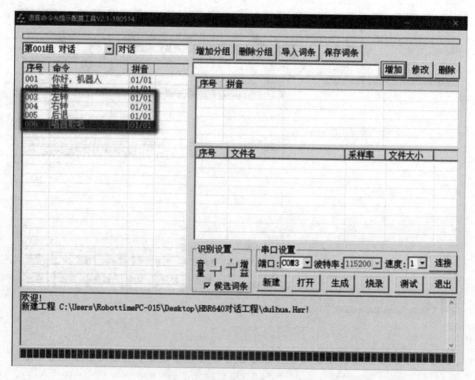

图 3-2-17　添加"左转""右转""后退""唱首歌吧"命令至左侧的词条列表

步骤9：单击"保存词条"按钮，如图 3-2-18 所示。

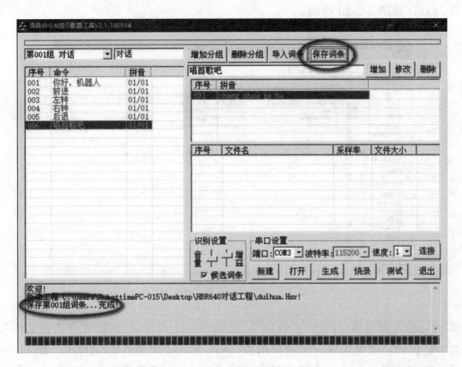

图 3-2-18　保存词条

步骤10：单击"生成"按钮，如图 3-2-19 所示。

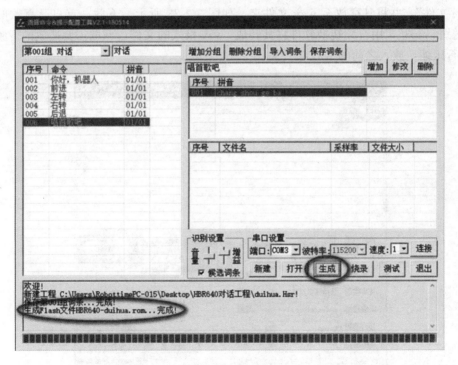

图 3-2-19　生成词条

步骤 11：打开 \ 语音识别模块 HBR640 \ 6 录音软件 \ Speech Synthesis：【小毅】语音合成工具 . exe，如图 3-2-20 所示。

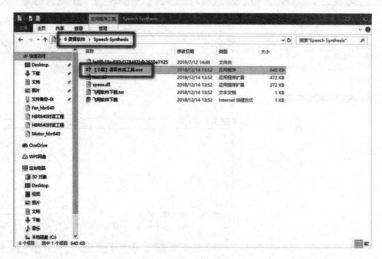

图 3-2-20　打开语音合成工具

步骤 12：输入需要执行的命令"收到"，如图 3-2-21 所示，勾选"保存语音文件"，并单击"开始合成"按钮，便会生成一个合成语音 . wav 文件，如图 3-2-22 所示。在 HBR640 对话工程文件夹中新建一个 wav 文件夹并将合成语音 . wav 文件更名为"收到 . wav"，存放至 wav 文件夹。按照上述步骤，分别输入命令"前进一秒""左转一秒""右转一秒""后退一秒"，然后分别生成"前进一秒 . wav 文件""左转一秒 . wav 文件""右转一秒 . wav 文件""后退一秒 . wav 文件"，并将其存放至 wav 文件夹，如图 3-2-23 所示。下载一首自己喜欢的音乐，例如"送别 . mp3"，用音频转换软件将其转成 . wav 格式的文件。截取需要播放的音频片段，然后进行压缩，放入之前的 wav 文件夹。

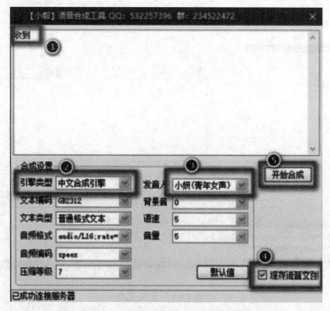

图 3-2-21　输入需要执行的命令"收到"

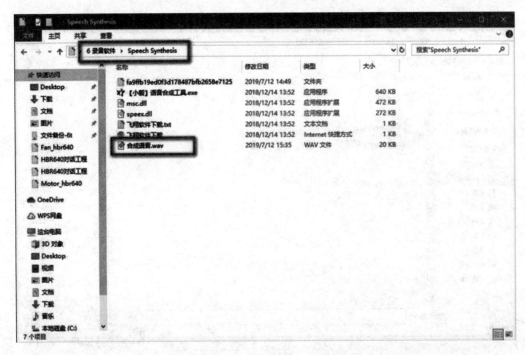

图 3-2-22　生成合成语音.wav 文件

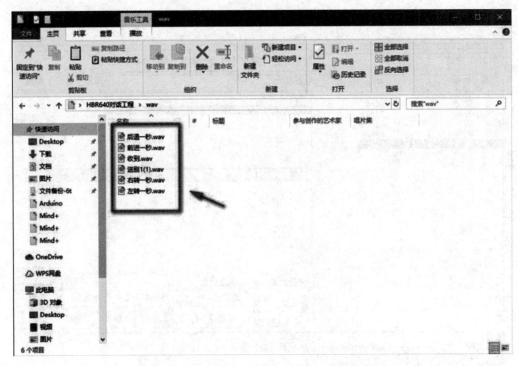

图 3-2-23　生成.wav 文件并存放至 wav 文件夹

　　步骤 13：单击"打开"按钮，选择"duihua. Hsr"文件，如图 3-2-24 所示。最后单击"打开"按钮，如图 3-2-25 所示，便会在语音提示区中出现之前添加的.wav 文件，如图 3-2-26 所示。

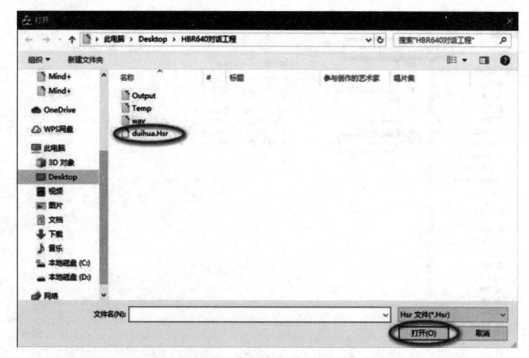

图 3-2-24　打开"duihua. Hsr"文件

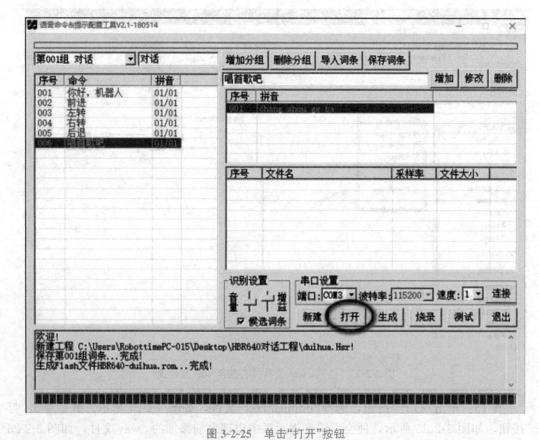

图 3-2-25　单击"打开"按钮

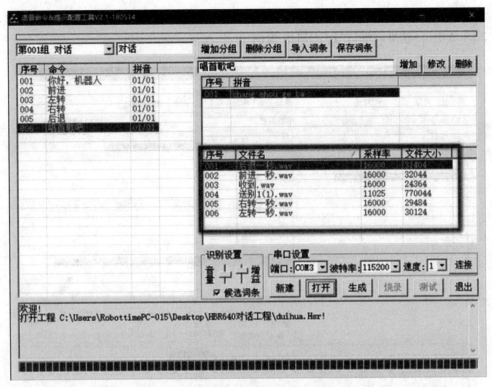

图 3-2-26 添加的 .wav 文件

步骤 14：先单击"保存词条"按钮，再单击"生成"按钮，如图 3-2-27 所示。

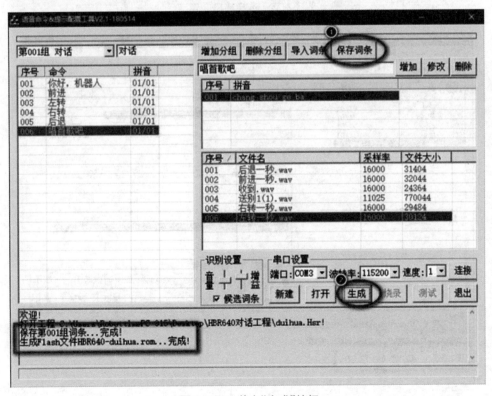

图 3-2-27 单击"生成"按钮

步骤 15：选择端口号，并单击"连接"按钮，如图 3-2-28 所示，显示连接成功即可，如图 3-2-29 所示。（这里以端口号 COM19 为例。）

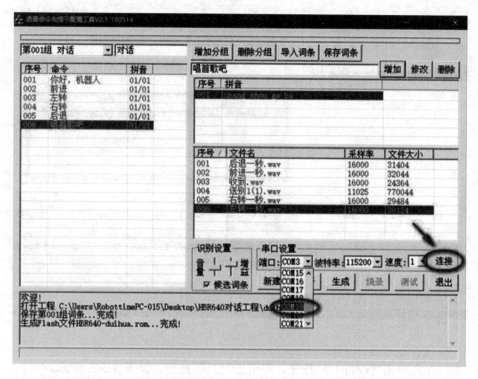

图 3-2-28　选择端口并连接

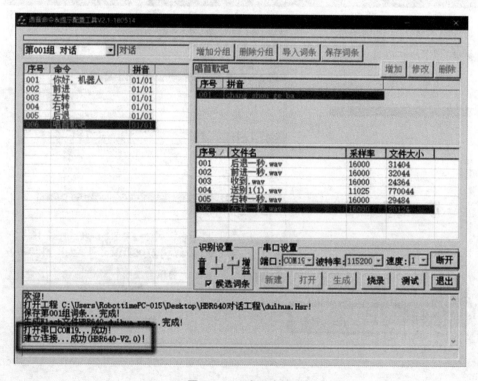

图 3-2-29　建立连接

步骤16：单击"烧录"按钮并选择"全部"，如图3-2-30所示。在烧录过程中尽量不要移动主控板，显示烧录成功即可，如图3-2-31所示。

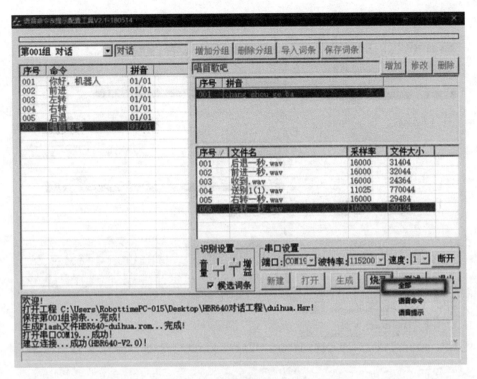

图 3-2-30　烧录"全部"

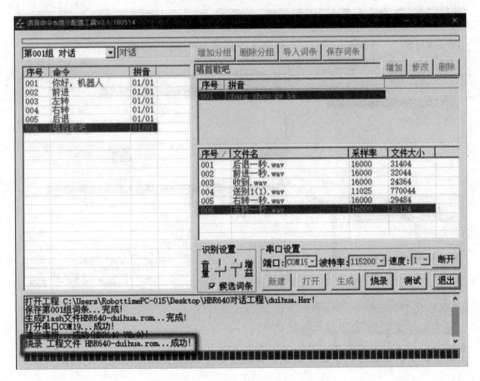

图 3-2-31　烧录成功

步骤17：单击"测试"按钮，如图3-2-32所示，会在左侧的词条列表下面出现"候选命令"区，如图3-2-33所示。

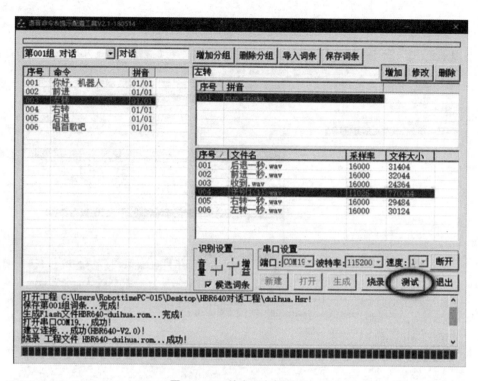

图 3-2-32　单击"测试"按钮

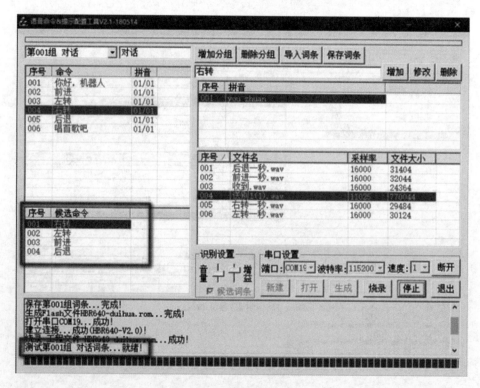

图 3-2-33　"候选命令"区

步骤18：对着语音识别模块分别说出刚刚编辑的命令"唱首歌吧""左转""右转""后退"时，会在候选命令区出现对应的识别结果，如图 3-2-34 所示。

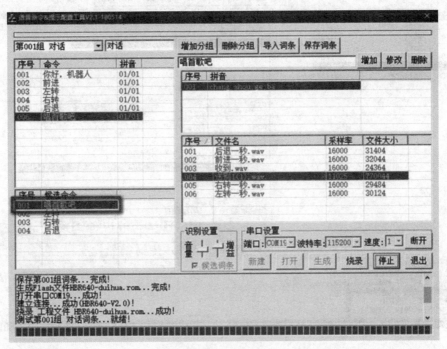

图 3-2-34　识别结果

步骤19：测试成功后，单击"停止"按钮，并"断开"连接，如图 3-2-35 所示，此时语音库即已配置完成，如图 3-2-36 所示。

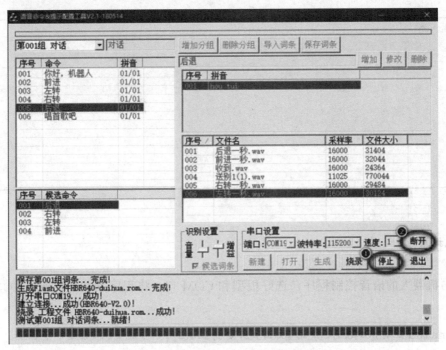

图 3-2-35　单击"停止"按钮并"断开"连接

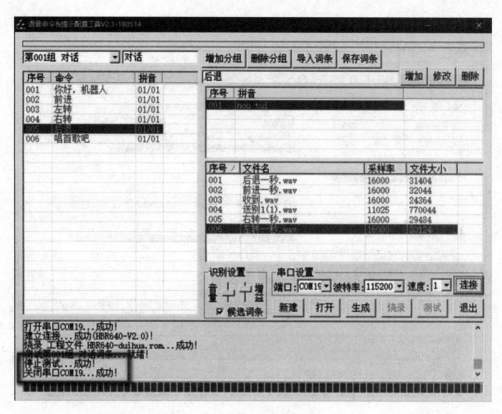

图 3-2-36　语音库配置完成

（2）机器人编程控制功能调试。

画流程图，编写语音交互机器人程序。

流程图：

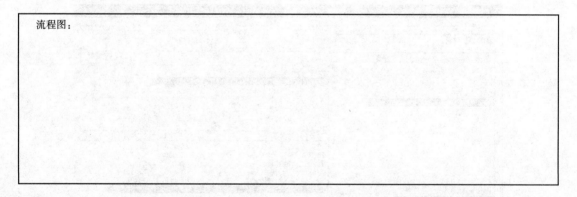

小提示

编写机器人的语音控制程序，选好板型和 COM 口，将程序下载到控制板中。参考程序如下：

```
# include "HBR640.h" //语音 640 需要的函数库
# define DelayTime 1000// 小车执行相关动作的时间;
```

```
# define Numbers_of_Voece 20 //定义的语音库数量(根据实际情况更改);
# define Voice_Time 100 //语音命令延时时间;
HBR640 hbr640; //实例化一个语音识别模块
boolean First_Voice= true;
boolean Other_Voice= false;
unsigned char b =  0xC8;
unsigned char c =  0x00;
unsigned char a[Numbers_of_Voece] =  {0x00,
0x01,0x02,0x03,0x04,0x05,0x06,0x07,0x08,0x09}; //定义的语音库相关词条序号
void setup(){
hbr640.open(); //开始进行语音识别
pinMode(5,OUTPUT);
pinMode(6,OUTPUT);
pinMode(9,OUTPUT);
pinMode(10,OUTPUT); //将直流电动机设置为输出模式;
}
void loop(){
if(hbr640.isHeard()) //如果监测到识别语句
{
int value =  hbr640.getSentence(); //获得识别语句的序号
switch(value)
{
case 0x00:
if(First_Voice){
First_Voice= false;
Other_Voice= true;
Get_Mode(a+ 2,b,c,1); hbr640.open();
}break; //"你好,机器人"命令
case 0x01:
if(Other_Voice){
Other_Voice= false;First_Voice= true;
Get_Mode(a+ 1,b,c,1);delay(DelayTime/2); MotorMode(1,DelayTime);
}break; //"前进"
97
case 0x02:
if(Other_Voice){
Other_Voice= false;First_Voice= true;
Get_Mode(a+ 5,b,c,1);delay(DelayTime/2);MotorMode(2,DelayTime);
}break; //"左转"
case 0x03:
```

```
if(Other_Voice){
Other_Voice= false;First_Voice= true;
Get_Mode(a+ 4,b,c,1);delay(DelayTime/2);MotorMode(3,DelayTime);
}break;//"右转"
case 0x04:
if(Other_Voice){
Other_Voice= false;First_Voice= true;
Get_Mode(a+ 0,b,c,1);delay(DelayTime/2);MotorMode(4,DelayTime);
}break;//"后退"
case 0x05:
if(Other_Voice){
Other_Voice= false;First_Voice= true;
Get_Mode(a+ 3,b,c,1);
}break;//"唱歌"
default: break;
}
}
}
void serialEvent()//程序会自动调用该程序;
{
hbr640.lisen();//在串口接收事件中调用语音识别的监听指令
}
void Get_Mode(byte character[],unsigned char s,unsigned char d,int Num)
{//将烧写好的语音命令发送给 hbr640 模块
unsigned char _YuYin[3];
_YuYin[0] = s;_YuYin[1] = character[0];_YuYin[2] = d;
for(int i= 0;i< Num;i+ +){
Serial.write(_YuYin,3);
delay(Voice_Time);
}
}
98
void MotorMode(int mode,int t)//直流电动机模式;
{
switch(mode)
{
case 1: Forward(t); break;
case 2: Left(t); break;
case 3: Right(t); break;
case 4: Back(t); break;
```

```
case 5: Stop(t); break;
}
}
void Back(int t)//前进
{
digitalWrite(10,LOW);digitalWrite(9,HIGH);
digitalWrite(5,HIGH);digitalWrite(6,LOW);
delay(t); Stop(2);hbr640. open();
}
void Forward(int t)//后退
{
digitalWrite(10,HIGH);digitalWrite(9,LOW);
digitalWrite(5,LOW);digitalWrite(6,HIGH);
delay(t); Stop(2);hbr640. open();
}
void Right(int t)//左转
{
digitalWrite(5,HIGH);digitalWrite(6,LOW);
digitalWrite(9,LOW);digitalWrite(10,HIGH);
delay(t); Stop(2); hbr640. open();
}
void Left(int t)//右转
{
digitalWrite(5,LOW);digitalWrite(6,HIGH);
digitalWrite(9,HIGH);digitalWrite(10,LOW);
delay(t); Stop(2);hbr640. open();
}
void Stop(int t)//停止
{
digitalWrite(5,HIGH);digitalWrite(6,HIGH);
digitalWrite(9,HIGH);digitalWrite(10,HIGH);
delay(t); hbr640. open();
99
}
```

活动 4：测试与改进

对语音交互机器人的各项功能进行测试，确保其能够正确完成既定的任务和提供相应的服务。收集用户的反馈和评估结果，了解他们对语音交互机器人的使用体验和满意度，从而发现潜在的问题和改进点，并填写表 3-2-6。

表 3-2-6　测试与改进表

测试结果：
优化改进方案：

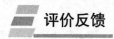 评价反馈

各小组展示作品，介绍任务的完成过程，并填写表 3-2-7～表 3-2-9。

表 3-2-7　学生自评表

任务	完成情况记录
任务是否按计划时间完成	
相关理论完成情况	
技能训练情况	
任务完成情况	
任务创新情况	
材料上交情况	
收获	

表 3-2-8　学生互评表

序号	评价项目	小组互评	自评
1	任务是否按时完成		
2	材料完成上交情况		
3	作品质量		
4	语言表达能力		

序号	评价项目	小组互评	自评
5	小组成员团结合作情况		
6	创新点		

表 3-2-9　教师评价表

序号	评价项目	教师评价	总评
1	学习准备		
2	规范操作		
3	完成质量		
4	关键操作要领掌握		
5	完成速度		
6	6S管理、环保节能		
7	参与讨论主动性		
8	沟通协作		
9	展示汇报		

任务 3.3　仿生机器人设计

学习目标

知识目标

了解仿生机器人的设计思路；

理解仿生机器人机械结构设计；

理解仿生机器人组装的方案和标准流程；

掌握仿生机器人组装的流程和程序设计。

能力目标

能够查阅相关资料并制定出仿生机器人组装的方案和标准流程；

学会制定各种仿生机器人组装方案，并列出零部件清单；

能够独立完成仿生机器人的组装，并按照流程进行程序设计；

能够检验仿生机器人能否完成任务要求，并填写任务工单。

素质目标

培养对仿生机器人领域的兴趣和热情；

培养自主学习和独立解决问题的能力；

培养严谨的思维和工作态度；

培养合作与沟通能力，与老师和同学进行有效合作和交流。

参考自然界动物或人的运动，利用各种机构、传动、支承等知识，使用 PVC、亚克力、电动机、连接轴等为主体，设计一个六自由度双足竞步机器人，每条腿上各三个关节，分别代表髋关节、膝关节、踝关节的前后动作（图 3-3-1）。要求机构运动稳定，制作精美，动作流畅。

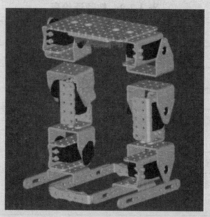

图 3-3-1　六自由度双足竞步机器人

知识点拨

仿生学是一门既古老又年轻的学科。仿生是人们研究生物体结构与功能的工作原理，并根据这些原理发明出新的设备和工具，创造出适用于生产、学习和生活的先进技术。自古以来，自然界就是人类各种技术思想、工程原理及重大发明的源泉。种类繁多的生物经过长期的进化过程，能适应环境的变化，从而得到生存和发展。通过对自然界中生物的观察，人类对生物的构造和功能进行模仿和发明的例子有很多，比如外形类似鸟的飞机、探测功能类似蝙蝠的雷达等。

仿生机器人是指模仿生物、从事生物特点工作的机器人。在仿生机器人设计中，首先我们需要去了解仿生对象的运动特点，分析其运动规律，然后确定其运动结构，最终设计出一个仿生机器人。这可以训练大家的抽象思维。此外，我们设计完仿生机构之后，还可以考虑调整所设计的仿生机器人外观。这可以训练大家的形象思维。根据仿生机器人的步态结构，仿生机器人可以大致分为曲柄摇杆仿生行走机器人、偏心摇杆仿生行走机器人、关节串联仿生行走机器人、连杆关节串联仿生机器人。

参考下面几种仿生机器人的案例，在案例之外设计新的方案，可以是全新的类型方案，也可以是对已有类型方案的新结构设计。

3.3.1　仿生机器人机械结构设计

1. 曲柄摇杆仿生行走机器人

曲柄摇杆仿生行走机器人主要的仿生运动的对象是腿部运动，它利用一个驱动源通过曲柄摇杆结构实现多条腿的运动。

曲柄摇杆机构的原理如图 3-3-2 所示。

以下是一种曲柄摇杆仿生行走机器人的案例，如图 3-3-3～图 3-3-5 所示：

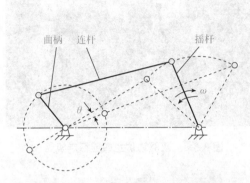

图 3-3-2　曲柄摇杆机构的原理

图 3-3-3　曲柄摇杆仿生行走机器人

图 3-3-4　曲柄摇杆仿生行走机器人实物对照

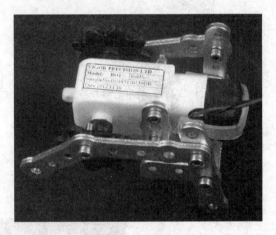

图 3-3-5　转换角度

锁在输出头上的两个零件的相位要相差 180°时才能实现双足交替行走。

在足型步态问题中，"相位"是从电学借来的概念。足型机器人的腿必然要经历"抬脚、放脚、行进"的循环过程，轨迹类似正弦曲线。双足要想交替行走，应一脚在波峰，另一脚在波谷，即"相位差为 180°"。

2. 偏心摇杆仿生行走机器人

如果用偏心轮代替曲柄就成了偏心轮摇杆机构，如图 3-3-6 所示，但需要增加一个滑块。相关组装形式如图 3-3-7、图 3-3-8 所示。

双驱动源在控制上需要考虑双驱动如何同步问题，可利用一些机械传动方式，使单驱动实现双驱动

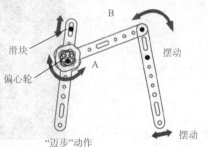

图 3-3-6　偏心轮摇杆机构

的效果，可利用四连杆机构、杠杆机构、齿轮组等机构。图 3-3-9 所示为一种双驱动仿生四腿行走机器人利用齿轮组改装的单驱动的仿生机器人案例。

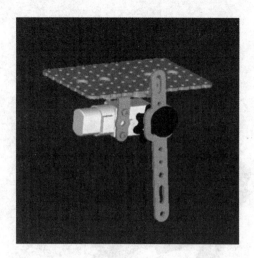

图 3-3-7 偏心轮摇杆组装模块

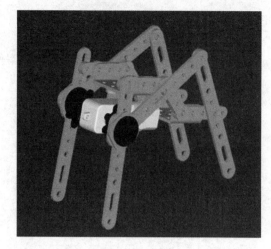

图 3-3-8 双驱动仿生四腿行走机器人

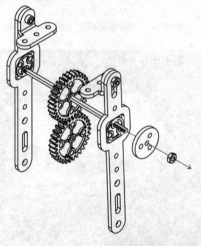

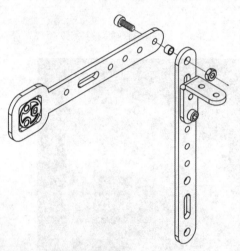

图 3-3-9 单驱动仿生四腿行走机器人

当然，自然界不只有双腿和四腿的生物，还有很多六腿和八腿甚至腿更多数量的昆虫。以下是几种仿生六/八腿行走机器人案例，如图 3-3-10～图 3-3-12 所示。

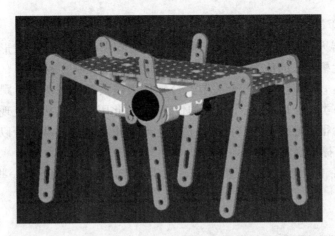

图 3-3-10　仿生六腿行走机器人 1

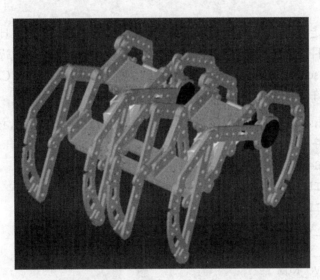

图 3-3-11　仿生六腿行走机器人 2

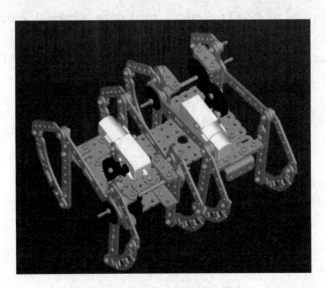

图 3-3-12　仿生八腿行走机器人

3. 关节串联仿生行走机器人

关节串联机器人，是由一系列连杆通过转动关节成移动关节串联形式的。关节串联仿生机器人的仿生运动主要是依靠电子模块控制实现的。

(1)结构说明：每条腿上各三个关节，分别代表髋关节、膝关节、踝关节。由于生物关节类似于球铰(三个转动的铰链)，因此用这种结构来复现生物关节运动还缺少很多方向上的自由度，造成运动时重心无法协调，所以采用了I形脚，以支撑重心。

仿生机器人
设计案例

(2)运动特性：能比较轻松地完成前进、后退动作，腿需要抬得高一些，以避免I形脚干涉。

3.3.2　编写和调试行走程序

调试下面的行走程序，让机器人行走。初始位置的设定：主要工具为使用 Controller 上位机调试，调试目标为使机器人保持直立状态，并且保持右脚的支撑臂在前。先将 Controller 下位机程序 servo_bigfish.ino 直接下载到主控板。这段代码供 Controller 上位机与主控板通信，并允许调试舵机，程序代码如下。

```
/* * Bigfish 扩展板舵机口：4,7,11,3,8,12,14,15,16,17,18,19* 使用软件调节
舵机时请拖拽对应序号的控制块* /
# include < Servo.h>
# define ANGLE_VALUE_MIN 0
# define ANGLE_VALUE_MAX 180
# define PWM_VALUE_MIN 500
# define PWM_VALUE_MAX 2500
# define SERVO_NUM 12
Servo myServo[SERVO_NUM];
int data_array[2] = {0,0}; // servo_pin: data_array[0],servo_value: data_
array[1];
int servo_port[SERVO_NUM] = {4,7,11,3,8,12,14,15,16,17,18,19};
int servo_value[SERVO_NUM] = {};
String data = "";
boolean dataComplete = false;
void setup()
{
Serial.begin(9600);
}
void loop()
{
while(Serial.available())
{
```

```
int B_flag,P_flag,T_flag;
data = Serial.readStringUntil('\n');
data.trim();
for(int i= 0;i< data.length();i+ + )
{
//Serial.println(data[i]);
switch(data[i])
{
case '# ':
B_flag = i;
break;
case 'P':
{
String pin =  " ";
P_flag = i;
for(int i= B_flag+ 1;i< P_flag;i+ + )
{
pin+ = data[i];
}
data_array[0] = pin.toInt();
}
break;
case 'T':
{
String angle =  " ";
T_flag = i;
for(int i= P_flag+ 1;i< T_flag;i+ + )
{
angle + =  data[i];
}
data_array[1] = angle.toInt();
servo_value[pin2index(data_array[0])] =  data_array[1];
}
break;
default: break;
}
}
/*
Serial.println(B_flag);
```

```
Serial.println(P_flag);
Serial.println(T_flag);
for(int i= 0;i< 2;i+ + )
{
Serial.println(data_array[i]);
}
* /
dataComplete =  true;
}
if(dataComplete)
{
for(int i= 0;i< SERVO_NUM;i+ + )
{
ServoGo(i,servo_value[i]);
/* * * * * * * * * * * * * * * * * * * * * * * * * * * * * * * * * * * 串口查
看输出* * * /
// Serial.print(servo_value[i]);
// Serial.print(" ");
}
// Serial.println();
/* * * * * * * * * * * * * * * * * * * * * * * * * * * * * * * * * * * * * * *
* * * * * * * * * * * * * * * /
dataComplete =  false;
}
}
void ServoStart(int which)
{
if(! myServo[which].attached()&&(servo_value[which] ! =
0))myServo[which].attach(servo_port[which]);
else return;
pinMode(servo_port[which],OUTPUT);
}
void ServoStop(int which)
{
myServo[which].detach();
digitalWrite(servo_port[which],LOW);
}
void ServoGo(int which,int where)
{
```

```
ServoStart(which);
if(where > = ANGLE_VALUE_MIN && where < = ANGLE_VALUE_MAX)
{
myServo[which].write(where);
}
else if(where > = PWM_VALUE_MIN && where < = PWM_VALUE_MAX)
{
myServo[which].writeMicroseconds(where);
}
}
int pin2index(int _pin)
{
int index;
switch(_pin)
{
case 4: index = 0; break;
case 7: index = 1; break;
case 11: index = 2; break;
case 3: index = 3; break;
case 8: index = 4; break;
case 12: index = 5; break;
case 14: index = 6; break;
case 15: index = 7; break;
case 16: index = 8; break;
case 17: index = 9; break;
case 18: index = 10; break;
case 19: index = 11; break;
}
return index;
}
```

下载完成后，保持 USB 连接。

3.3.3 Controller 上位机应用

(1)双击打开 Controller 1.0.exe 即可运行，如图 3-3-13、图 3-3-14 所示。

(2)界面左上角选择：设置——面板设置，弹出需要显示的调试块，可通过勾选隐藏不需要调试的舵机块，如图 3-3-15、图 3-3-16 所示；联机——选择主控板对应端口号以及波特率，如图 3-3-17、图 3-3-18 所示。

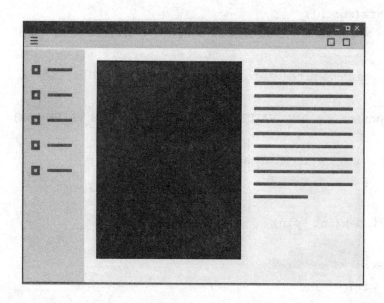

图 3-3-13　Controller 1. 0. exe

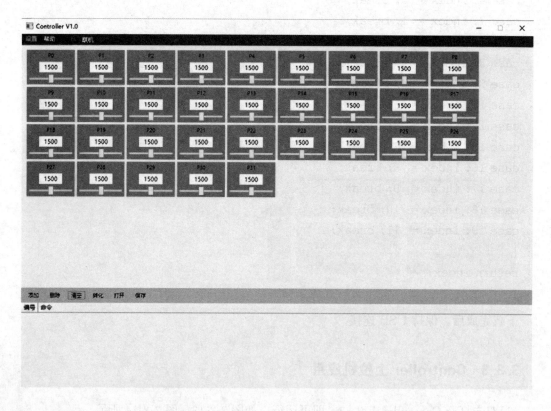

图 3-3-14　调试块界面

　　(3)拖动进度条，可以观察相应的舵机角度转动。写好对应的舵机调试角度，勾选左下角的添加、转化，获得舵机调试的数组，如图 3-3-19 所示。

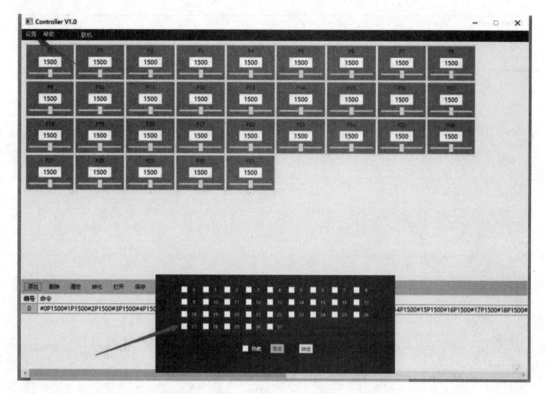

图 3-3-15　勾选界面

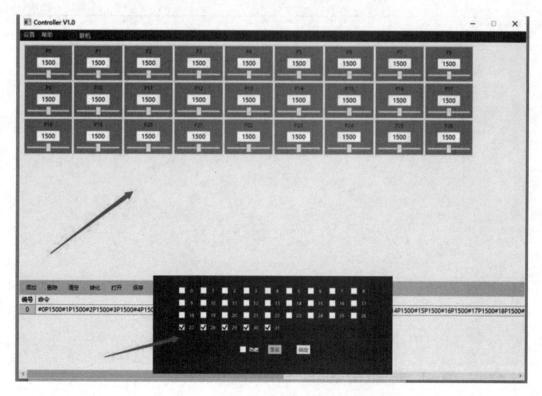

图 3-3-16　勾选设置

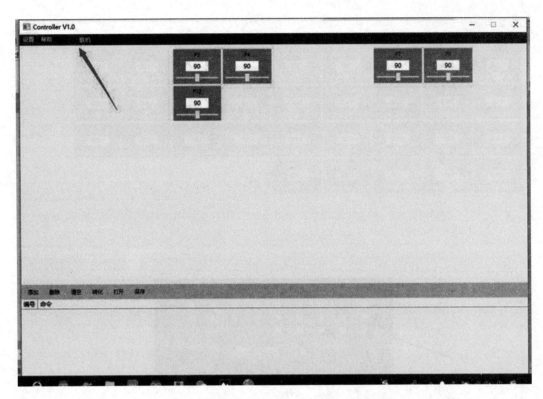

图 3-3-17　未隐藏模块

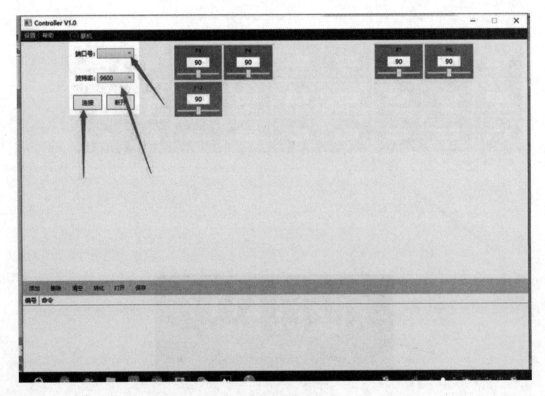

图 3-3-18　联机参数设定

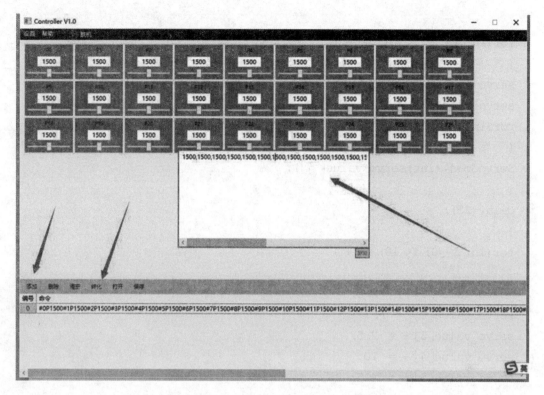

图 3-3-19　舵机调试的数组

(4)将该数组可直接复制到相应的 Arduino 软件的程序中进行使用。

(5)行走控制参考程序的代码如下：

```
# include < Servo. h>
Servo myServo[6];
int servo_port[6]= {4,7,11,3,8,12};
float servo_value[6] = {65,60,105,60,100,80}; //各个舵机的初始位置
void setup()
{
for(int i= 0; i< 5; i+ + )
{
ServoGo(i,(int)servo_value[i]);
}
delay(2000);
}
void loop()
{
left_go();
right_go();
}
void left_go()
```

```
{
for(int i= 0; i< 10; i+ + )
{
servo_value[4]-= 10;
servo_value[5] -= 6;
for(int j= 0; j< 6; j+ + )
{
ServoGo(j,(int)servo_value[ j]);
}
delay(25);
}
for(int i= 0; i< 10; i+ + )
{
servo_value[0] + = 2. 5;
servo_value[2] -= 1;
servo_value[3] + = 2. 5;
servo_value[4] + = 10;
servo_value[5] + = 4. 5;
for(int j= 0; j< 6; j+ + )
{
ServoGo(j,(int)servo_value[ j]);
}
delay(25);
}
}
void right_go()
{
for(int i= 0; i< 10; i+ + )
{
servo_value[1] + = 10;
servo_value[2] + = 7. 5;
servo_value[5] + = 0. 5;
for(int j= 0; j< 6; j+ + )
{
ServoGo(j,(int)servo_value[ j]);
}
delay(25);
}
for(int i= 0; i< 10; i+ + )
{
```

```cpp
servo_value[0] -= 2.5;
servo_value[1] -= 10;
servo_value[2] -= 6.5;
servo_value[3] -= 2.5;
servo_value[5] + = 1;
for(int j= 0; j< 6; j+ + )
{
ServoGo(j,(int)servo_value[ j]);
}
delay(25);
}
}
void ServoStart(int which)
{
if(! myServo[which].attached ()) myServo[which].attach (servo_port
[which]);
pinMode(servo_port[which],OUTPUT);
}
void ServoStop(int which)
{
myServo[which].detach();
digitalWrite(servo_port[which],LOW);
}
void ServoGo(int which,int where)
{
if(where! = 200)
{
if(where= = 201)ServoStop(which);
else
{
ServoStart(which);
myServo[which].write(where);
}
}
}
void ServoMove(int which,int start,int finish,int t)
{
int a;
if((start-finish)> 0)a= -1;
else a= 1;
```

```
for(int i= 0;i< abs(start-finish);i+ + )
{ServoGo(which,start+ i* a);delay(t/(abs(start-finish)));}
}
```

将上个步骤记录的角度数据依次填入相应舵机的初始值,比如:float servo _ value[6]＝
{90,44,46,82,115,100};各个舵机的初始位置为了减少重力的干扰,一般先把机器
人调整成直立状态采值。采值后,需要注意的是,舵机 0、3 的初始值应在上个步骤结果值
基础上减去 10,使其进入行走姿态。修改完成后便可以直接将程序下载到主控板,然后将
主控板、电池安装到机器人最上面的平台(应以重心较低为标准),然后连接好舵机线。顺
利的话,此时机器人应该就可以正常行走了。但是由于舵机的内部结构问题,相应的角度
输出可能会存在误差,其表现便是机器人的支撑臂会出现"打架"现象,这个问题的解决方
法是修改程序中对应的参数调节系数,例如:servo _ value[4] -= 11,可以修改参数"11"
的大小。需要注意的是,程序的整个循环特定的位置对应特定的值,因此在修改的时候程
序后面相应舵机的输出系数也需要相应的改变,由此达到一个完满的循环。

■ 实践活动

活动 1:任务分工

按照设计任务描述,小组成员进行合理分工。填写表 3-3-1。

活动 2:制定设计方案

制定六自由度竞走仿生机器人的设计方案。填写表 3-3-2。

表 3-3-1 学生任务分配表

班级		组号		指导教师	
组长		学号			
组员					
	姓名	学号	姓名	学号	
任务分工:					

表 3-3-2 设计方案表

设计要素	具体说明
目标和任务	
机械机构设计	
动力系统设计	
程序设计	
测试和优化	
备注	

表 3-3-2 所示是仿生机器人设计方案表，可以根据实际需求和情况，进一步添加细节和调整。

活动 3：设计与实施

按照前期制定的方案进行仿生机器人设计，包括机器人组成的器件选取、机器人造型设计及本体搭建、机器人编程控制功能调试。

1. 选取机器人设计的器件

选取仿生机器人的组成器件，填写表 3-3-3。

表 3-3-3 工具和器件清单

序号	名称	型号与规格	单位	数量	备注

序号	名称	型号与规格	单位	数量	备注

2. 机器人 3D 模型拓展设计

如果"探索者"平台零件不能满足机器人机构组装需要，可根据机器人的功能和外观需求，自行绘制机器人的主体框架、关节、传动装置等基本结构，借助 3D 打印机打印设计模型。填写表 3-3-4。

表 3-3-4　机器人 3D 模型拓展设计

序号	步骤	描述
1	3D 模型增加仿生细节	
2	3D 模型添加运动功能	
3	自定义外观设计	
4	选择材质和颜色设置	
5	进行模型评估和测试	

3. 搭建机器人本体

说明机器人本体搭建步骤。填写表 3-3-5。

表 3-3-5　机器人本体组装过程

机器人本体组装步骤：

4. 编写仿生机器人控制程序

按照搭建的机器人机构及应用场地特点编写控制程序。请将编写程序写在下面的画线处。

_____

_____

_____

_____

_____

_____

_____

_____

活动 4：测试与改进

对仿生机器人进行功能测试，填写表 3-3-6，说明功能测试结果及优化改进方案。

表 3-3-6　测试与改进表

功能测试结果：
优化改进方案：

评价反馈

各小组展示作品，介绍设计过程，并填写评价表 3-3-7。

表 3-3-7　作品评价表

项目名称			评价日期		被评价人姓名	
评价指标	具体描述		教师评价得分	学生评价得分	自己评价得分	
创新性(20分)	是否引入新的概念、技术或方法		□是□否	□是□否	□是□否	
	项目的创新程度和独特性		□有□无	□有□无	□有□无	
	对于仿生机器人领域的贡献		□有□无	□有□无	□有□无	

项目名称		评价日期		被评价人姓名	
评价指标	具体描述	教师评价得分	学生评价得分	自己评价得分
技术实现和工程性（10分）	硬件和软件的结合是否合理	☐是☐否	☐是☐否	☐是☐否
	是否考虑到实际应用需求和限制	☐是☐否	☐是☐否	☐是☐否
功能性和性能表现（20分）	仿生机器人是否能够实现预设的功能	☐是☐否	☐是☐否	☐是☐否
	是否达到或超过预期的性能指标	☐是☐否	☐是☐否	☐是☐否
	是否具备稳定和可靠的操作能力	☐是☐否	☐是☐否	☐是☐否
真实感和外观设计(20分)	仿生机器人的外观设计和造型是否有创新	☐是☐否	☐是☐否	☐是☐否
	是否具备逼真的细节和材质表现	☐是☐否	☐是☐否	☐是☐否
	是否符合人类的审美要求	☐是☐否	☐是☐否	☐是☐否
可扩展性和适应性（15分）	仿生机器人是否具有可扩展性和灵活性	☐是☐否	☐是☐否	☐是☐否
	是否能够适应不同环境和任务的要求	☐是☐否	☐是☐否	☐是☐否
	是否具备可升级和改进的潜力	☐是☐否	☐是☐否	☐是☐否
实际应用和效益（15分）	仿生机器人在实际应用中的潜力和效益	☐有☐无	☐有☐无	☐有☐无
	是否能够应用于实际领域并带来实际效果	☐是☐否	☐是☐否	☐是☐否
	是否具备商业化或产业化的可行性	☐是☐否	☐是☐否	☐是☐否
教师评分分数				
学生互评分数				
自评分数				
总分				
评价人签名				

任务 3.4　素养提升

科创"点亮"大运

第三十一届世界大学生夏季运动会于 2023 年 7 月 28 日—8 月 8 日在中国成都举办。成都大运会上，各种创新元素让大运会科技范儿十足，开幕式"用科技实现创意""机器人总动员"服务赛事保障、"智慧大脑"助力场馆运行。

最引人注目的是一位特殊的"服务生"——蓉宝机器人。它亮相多个场馆，准确而高效地为获奖运动员送上奖牌。乖萌的面孔、多功能的显示屏以及造型十足的球形底座，这三部分构成了它独特的形象。它可以人脸识别、引导、翻译。

不仅这些，它还是世界上首款带有应急功能的机器人，也是唯一能够使用大运蓉宝形象的机器人。它内部配备了急救包、自动体外除颤器等医疗应急工具，使用者可通过手机在场馆内随时呼叫。当被呼叫到指定地点后，它会自动打开设备小抽屉，同时播放 AED 的使用教程。如果有需要，它还可以连线专家远程指导。

大运会期间，蓉宝机器人现身于各个场馆，为运动员、观众等提供服务。除了"蓉宝"

机器人，还有多个各怀绝技的"机器人"活跃在本届大运会。

在大运村，可以制作6～10种咖啡的双臂拉花咖啡机器人深受运动员欢迎；24 h"坚守岗位"的智能小吃机为运动员提供了"深夜食堂"；在成都高新体育中心，一款乒乓球"陪练"机器人可以做出十分精准的拉、削、搓、推等动作，并通过不同的对战模式满足运动员不同强度的训练需求。自动驾驶巴士、无人驾驶地铁、3D照相、蓄冷型降温背心、智能厕所……大运会上，科技成果精彩纷呈。

下　篇
高级实践与探索

项目4 机器人创新设计的高级实践与探索

✳ **项目概述**

　　本项目涵盖了三个部分的机器人设计：扫地机器人、智能泡茶机器人和汉字书写机器人。本项目的目标：提供创新的解决方案，分别用于家庭清洁、泡茶和汉字书写等场景；采用先进的技术和算法，设计出具有智能控制和精准运动的机器人原型，以提高生活质量和工作效率。学生依据系统化的创新设计流程完成各部分的设计和开发，并进行性能测试和优化。该项目将推动机器人技术应用的发展，并为用户带来更舒适、便捷和有趣的体验。

》》 **知识脉络**

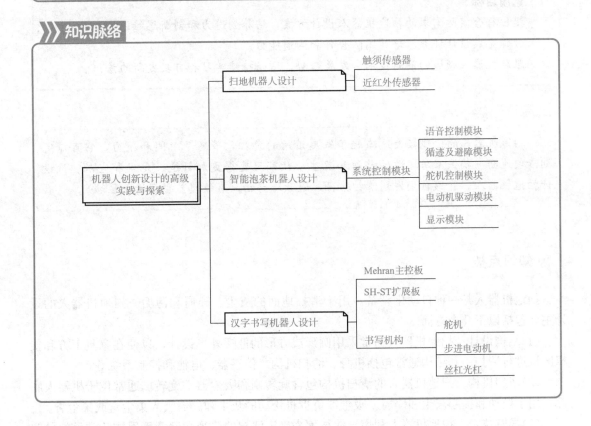

任务 4.1 扫地机器人设计

知识目标

了解扫地机器人的基本原理和工作方式;

熟悉扫地机器人的创新设计方法和流程;

掌握扫地机器人相关的传感器技术和路径规划算法。

能力目标

能够分析和解决扫地机器人设计中的技术问题;

能够设计和构建具有自动清扫功能的扫地机器人;

能够运用传感器技术和路径规划算法实现扫地机器人的智能导航和避障功能;

能够调试和优化扫地机器人的性能,提升清扫效果。

素质目标

提出符合实际需求的扫地机器人设计方案,培养创造力和创新思维;

合作完成设计任务,培养团队合作和沟通能力;

跟踪机器人领域的最新技术和发展趋势,增强持续学习和自我更新的意识。

任务描述

扫地机器人的出现极大地减轻了家庭清洁的负担,节省了时间和精力,它可以定期清理地面,确保家居环境的整洁和卫生,让家里变得更加舒适、无尘和宜居。试设计扫地机器人,能够自主规划清扫路径,避开障碍物,有效覆盖整个清洁区域。

知识点拨

扫地机器人是一种自动化设备,用于清扫地面的灰尘、碎屑和污垢。扫地机器人的设计主要包括以下几个方面。

(1)结构设计。扫地机器人通常采用圆形或方形的低矮外形设计,以便在家具下方和狭窄区域进行清扫。其结构通常包括机身、清扫机构、传感器、电池和控制系统等。

(2)清扫机构。扫地机器人的清扫机构包含旋转刷和吸尘器。旋转刷通常位于机器人底部,用于松动和提起灰尘和碎屑。吸尘器负责将松动的灰尘和碎屑吸入集尘盒或集尘袋。

(3)导航技术。扫地机器人利用导航技术来确定清扫的路径和避开障碍物。常见的导航技术包括激光导航、红外线传感器、摄像头、超声波传感器和陀螺仪等。这些传感器可以感知环境并进行障碍物检测和定位。

(4)控制系统。扫地机器人的控制系统负责处理传感器数据、执行路径规划和控制清扫机构。控制系统还包括算法和逻辑,用于避免碰撞、优化清扫路径和保持运动稳定。

（5）充电技术。为了保证连续工作，扫地机器人通常配备自动充电技术。当电池电量低时，机器人会自动返回充电座进行充电，并在充电完成后恢复清扫任务。

总的来说，扫地机器人的设计技术涵盖了传感技术、路径规划与导航、清扫机构和吸尘技术、自动充电技术以及控制算法和智能化等方面。这些技术的不断发展和创新推动了扫地机器人的功能和性能不断提升，使其成为现代家庭和商业清洁的重要工具。

本项任务设计要求扫地机器人具有避开障碍物和自主清扫功能。可实现避障的传感器模块有超声波、近红外、触须、触碰等传感器，部分传感器在前面内容中已介绍，在此不做赘述。

4.1.1 触须传感器

1. 简介

触须传感器是一种仿生类的传感器，也是一种数字量（开关量）传感器。触须传感器的检测元件是一个拉簧和金属环，拉簧和金属环共同起检测作用。此传感器可应用于机器人的设计中，它可以使机器人良好地感知外界环境，并且做出相应判断，可以使机器人在快速移动的过程中，避免发生碰撞。

2. 工作原理

触须传感器是一种开关量传感器，即拉簧和金属环接触式激发。触发触须传感器后，该传感器会在其输出端输出数字量 0，即低电平信号，未触发时输出数字量 1，即高电平信号。当触须传感器的触须接触到物体时，触须传感器将会被触发，即触须传感器的输出口将会输出低电平。其工作原理如图 4-1-1 所示，实物与 PCB 引脚对照如图 4-1-2 所示。

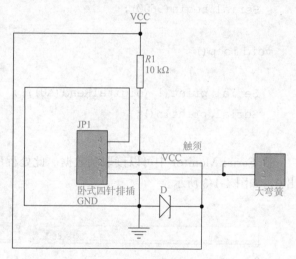

图 4-1-1　触须传感器工作原理

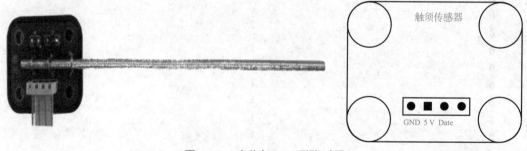

图 4-1-2　实物与 PCB 引脚对照

3. 引脚接线说明

引脚从左到右接线说明见表 4-1-1。

表 4-1-1　引脚从左到右接线说明

pin	名称	注释
1	GND	接地，电源负极
2	VCC	供电 5 V DC
3	DATA	数据接口
4		空脚，请悬空

4. 应用

(1)传感器检测。检测电路连接器材有 Basra 主控板、BigFish 扩展板、触须传感器等。触须传感器只能输出数字量信号。可将传感器接在 BigFish 的 A0 接口上，烧录如下程序。

```
void setup()
{
  pinMode(A0,INPUT);
  Serial.begin(9600);
}
void loop()
{
  Serial.print(! (digitalRead(A0)));
  Serial.println();
}
```

在 Serial Monitor 中可以读取到数据。此处程序添加"非"，传感器触发输出 1，否则输出 0，如图 4-1-3 所示。

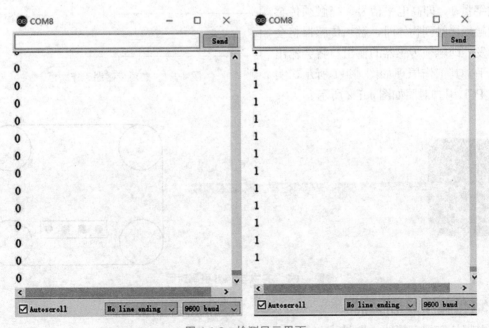

图 4-1-3　检测显示界面

(2)应用示例。

1)效果:触发触须传感器时,直流电动机转动,否则直流电动机静止。

2)器材:Basra 主控板、BigFish 扩展板、触须传感器、直流电动机等。

3)电路:将传感器接在 BigFish 的 A0 接口上,直流电动机接在 5/6 直流接口上。

本实验示例程序源代码如下:

```
void stop();
void spin();
void setup()
{
  pinMode(14,INPUT);
  pinMode(5,OUTPUT);
  pinMode(6,OUTPUT);
}
void loop()
{
  if(! (digitalRead(14)))
  {
    spin();
  }
  else
  {
    stop();
  }
}
void stop()
{
  digitalWrite(5,LOW);
  digitalWrite(6,LOW);
}
void spin()
{
  digitalWrite(5,HIGH);
  digitalWrite(6,LOW);
}
```

4.1.2　近红外传感器

1. 简介

近红外传感器是一种开关量传感器,它可以检测到前方是否有物体存在。当检测到有物体存在时，传感器输出口会输出低电平；相反，在未检测到前方有物体时，传感器输出口会输出一个高电平。主控电路可根据传感器采集的电平高低做出相应的动作指令，如图 4-1-4 所示。

图 4-1-4　近红外传感器

2. 工作原理

近红外线传感器是利用红外线的物理性质来进行测量的传感器。红外线又称红外光，它具有反射、折射、散射、干涉、吸收等性质。而近红外传感器正是利用其这一特性工作的，当前方有物体并且在红外线反射范围之内时，传感器会接收到反射的红外线，进而触发近红外传感器。其工作原理图如图 4-1-5 所示，实物与 PCB 引脚对照如图 4-1-6 所示。

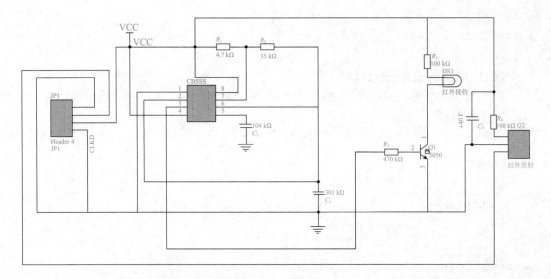

图 4-1-5　工作原理

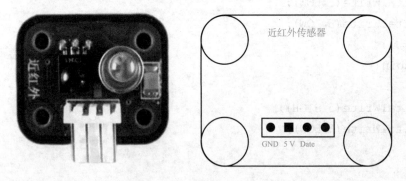

图 4-1-6　实物与 PCB 引脚对照

3. 引脚接线说明

引脚从左到右接线说明见表 4-1-2。

表 4-1-2　引脚从左到右接线说明

pin	名称	注释
1	GND	接地，电源负极
2	VCC	供电 5 V DC
3	DATA	数据接口
4		空脚，请悬空

4. 应用

(1)传感器检测。检测电路连接器材有 Basra 主控板、BigFish 扩展板、近红外传感器、Arduino IDE 等。检测数字量，将传感器接在 BigFish 的 A0 接口上，烧录如下程序。

```
void setup()
{
  pinMode(A0,INPUT);
  Serial.begin(9600);
}
void loop()
{
  Serial.print(! (digitalRead(A0)));
  Serial.println();
}
```

在 Serial Monitor 中可以读取到数据。此处程序添加"非"，传感器触发输出 1，否则输出 0，如图 4-1-7 所示。

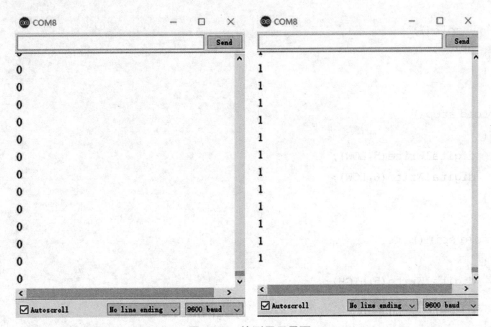

图 4-1-7　检测显示界面

(2)应用示例。

1)效果：当近红外传感器检测到障碍物时，直流电动机停止，否则直流电动机保持转动。

2)环境：Basra 主控板、BigFish 扩展板、近红外传感器、直流电动机、Arduino IDE 等。

3)电路：将传感器接在 BigFish 的 A0 接口上，直流电机接在 5、6 直流接口上。

代码如下：

```
void stop();
void spin();

void setup()
{
  pinMode(14,INPUT);
  pinMode(5,OUTPUT);
  pinMode(6,OUTPUT);
}

void loop()
{
  if(! (digitalRead(14)))
  {
    stop();
  }
  else
  {
    spin();
  }
}

void stop()
{
  digitalWrite(5,LOW);
  digitalWrite(6,LOW);
}

void spin()
{
  digitalWrite(5,HIGH);
  digitalWrite(6,LOW);
}
```

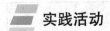

实践活动

活动1：需求分析

在进行扫地机器人设计前，清楚了解用户的需求可以帮助我们明确设计目标，即确定扫地机器人需要具备的功能和性能要求。深入了解用户需求和使用场景，可以明确设计的重点和方向，确保设计符合用户期望。需求分析可参考表4-1-3列出的几个方面。

表 4-1-3　需求分析表

分析项目	具体描述	结合需求和现有条件，填写设计目标	备注
使用需求	扫地机器人的主要使用场景是什么？例如家庭、办公室、酒店等		
功能需求	扫地机器人需要具备哪些功能？比如清扫地面、避障、自动充电等		
地面适应性	扫地机器人需要适应不同类型的地面，比如地毯、木地板、瓷砖等		
清扫效果	机器人清扫的效果如何评估？是否需要具备较高的清扫能力和效率？		
智能化程度	机器人需要具备智能感知和决策能力吗？比如自主规划清扫路径、智能避障等		
设计风格	机器人的外观设计是否需要符合现代审美要求？是否需要定制化的外观选项？		
操作便捷性	机器人的操作是否需要简单易懂，用户是否需要通过手机App或遥控器进行操控？		
设计定位	高档□　　中档□　　低档□		
团队成员签字			

活动2：制定设计方案

制定扫地机器人的设计方案，填写表4-1-4。

表 4-1-4　设计方案表

设计要素	说明
目标和任务	
传感器系统	
地面适应性	

设计要素	说明
清扫功能	
可拆卸清洗	
导航和避障	
价格与成本	
备注	

表 4-1-4 所示是扫地机器人基本的设计方案表，可以根据实际需求和情况，进一步添加细节和调整。

活动 3：原型设计及组装

从前期创意方案中选择最有潜力的一个，进行原型设计，利用各种工具和技术制作出初步的机器人原型，包括选取机器人构成器件、机器人造型设计及组装、机器人编程及控制功能调试，完成表 4-1-5、表 4-1-6 内容。

1. 选取机器人设计的器件

列出扫地机器人的组成器件，填写表 4-1-5。

表 4-1-5　工具和器件清单

序号	名称	型号与规格	单位	数量	备注

序号	名称	型号与规格	单位	数量	备注

2. 机器人本体设计

说明机器人本体设计理念和组装步骤，填写表 4-1-6。

表 4-1-6　机器人本体设计与组装表

机器人本体组装步骤：
造型设计创新点：
机械机构设计创新点

3. 机器人编程及控制功能调试

在前面的学习基础上，根据设计需求分析、拟定的设计方案、机械机构构建，自行编写程序，烧录至主控板，进行功能测试。

(1)画出扫地机器人控制流程图。

（2）请将编写的 C 程序指令代码，写在下面的画线处。

_____

_____

_____

_____

_____

_____

_____

_____

_____

小提示

（1）编程环境：Arduino 1.8.19。

（2）参考程序：下面提供一个实现扫地机器人在行进过程中避障并清扫垃圾的参考程序（sketch_sep14a.ino）：

扫地机器人设计案例

```
/* ------------------------------------------------------------------------
     版权说明：Copyright 2023 Robottime (Beijing) Technology Co.,Ltd. All
               Rights Reserved.
     Distributed under MIT license.See file LICENSE for detail or copy at
     https://opensource.org/licenses/MIT
     by 机器谱 2023-09-14 https://www.robotway.com/
-------------------------- */
# include < Servo.h>
Servo left_wheel;      // 左轮
Servo right_wheel;     // 右轮
# define forward_speed_left    60      // 小车前进时,左轮速度
# define forward_speed_right   120     // 小车前进时,右轮速度
# define back_speed_left       120     // 小车后退时,左轮速度
# define back_speed_right      60      // 小车后退时,右轮速度
# define turnleft_speed_left   120     // 小车左转时,左轮速度
# define turnleft_speed_right  120     // 小车左转时,右轮速度
# define turnright_speed_left  60      // 小车右转时,左轮速度
# define turnright_speed_right 60      // 小车右转时,右轮速度
# define stop_left             90      // 小车停止时,左轮速度
# define stop_right            90      // 小车停止时,右轮速度
# define obstacle_threshold    500     // 触须传感器阈值
# define ir_threshold          800     // 近红外传感器阈值
```

```
int left_obstacle_sensor;      // 左侧触须传感器
int right_obstacle_sensor;     // 右侧触须传感器
int ir_sensor;                 // 近红外传感器
void setup(){
  delay(50);
  Serial.begin(9600);
  left_wheel.attach(3);        // 定义左右轮引脚
  right_wheel.attach(4);
  pinMode(A0,INPUT);     // 左边触须传感器接口
  pinMode(A2,INPUT);     // 右边触须传感器接口
  pinMode(A3,INPUT);     // 前面近红外传感器接口
}
void loop(){
  left_obstacle_sensor = analogRead(A0);    // 读取左边触须传感器值
  right_obstacle_sensor = analogRead(A2);    // 读取右边触须传感器值
  ir_sensor = analogRead(A3);                // 读取近红外传感器值
  // 如果左边传感器检测到障碍物,执行后退并向右转操作
  if(left_obstacle_sensor > obstacle_threshold){
    backRight();
  }
  // 如果右边传感器检测到障碍物,执行后退并向左转操作
  else if(right_obstacle_sensor > obstacle_threshold){
    backLeft();
  }
  // 如果前面近红外传感器检测到障碍物,执行后退操作
  else if(ir_sensor > ir_threshold) {
    back();
  }
  // 如果都没有检测到障碍物,执行前进操作
  else {
    forward();
  }
}
// 小车前进
void forward(){
  left_wheel.write(forward_speed_left);
  right_wheel.write(forward_speed_right);
}
// 小车后退
void back(){
```

```
        left_wheel.write(back_speed_left);
        right_wheel.write(back_speed_right);
    }
    // 小车后退左转
    void backLeft(){
        left_wheel.write(back_speed_left);
        right_wheel.write(turnleft_speed_right);
    }
    // 小车后退右转
    void backRight(){
        left_wheel.write(turnright_speed_left);
        right_wheel.write(back_speed_right);
    }
    // 小车停止
    void stop(){
        left_wheel.write(stop_left);    // 停止
        right_wheel.write(stop_right); // 停止
    }
```

活动4：测试与改进

(1)对设计好的机器人进行功能测试，并根据测试结果对设计进行改进和优化，填写表4-1-7。

表4-1-7　测试与改进表

功能测试结果：
优化改进方案：

(2)提交设计文档、实验数据和调试报告。

评价反馈

各小组展示作品，介绍任务的完成情况，完成下列评价表 4-1-8、表 4-1-9。

表 4-1-8　学生自评价表

任务	完成情况记录
任务是否按计划时间完成	
任务完成情况	
任务创新情况	
材料上交情况	
收获	

表 4-1-9　教师评价表

序号	评价项目	教师评价	总评
1	学习准备		
2	规范操作		
3	完成质量		
4	关键操作要领掌握程度		
5	完成速度		
6	6S管理、环保节能		
7	参与讨论主动性		
8	沟通协作		
9	展示汇报		

任务 4.2　智能泡茶机器人设计

学习目标

知识目标

掌握常用的传感器模块；

掌握机器人系统搭建分解任务的策略；

掌握机器人实验验证和评估设计的有效性的方法。

能力目标

能自主选取机械零件及电子模块；

能完成智能泡茶机器人设计；

能结合实际场景进行产品设计测试及改进。

素质目标

独立完成训练活动，培养自主学习和探究的能力；

进行设计需求分析，培养分析问题、解决问题的能力；

团队分工合作，培养有效沟通和协作的能力。

任务描述

设计一个能自动完成泡茶的智能泡茶机器人，利用机器人创新平台的机械零件和电子模块，使用适当的编程语言和开发环境，编写控制程序，实现集选茶、沏茶、送茶等功能于一体的全自动控制泡茶系统。其可以智能配比，语音命令选茶，自动调节放茶量，自动调节放水量。

知识点拨

智能泡茶机器人设计应包括选茶、沏茶、送茶等功能，控制整体可采用舵机、电动机、驱动模块、语音识别模块、OLED模块、传感器模块等实现。

系统控制模块主要借助 Arduino 软件，通过 C 语言、图形化编程实现控制功能，在扩展板连接的基础上调用库函数，实现控制与利用串口实现各模块间通信的功能。

4.2.1　语音控制模块

详见任务 2.5 语音交互机器人设计中的知识点拨内容。

4.2.2　循迹及避障模块

循迹功能主要用三个灰度传感器实现。它可以进行黑线的跟踪，可以识别黑色、背景中的黑色区域或悬崖边缘，循线信号可以提供稳定的输出信号，使寻线更准确、更稳定。

4.2.3　舵机控制模块

舵机控制模块主要控制机械手臂和自动放茶装置，采用多个舵机串联机构。

(1)机械手臂模块主要由多个标准伺服电动机驱动，将多个关节模块串联累加，构成多自由度的机械手臂，每个关节为一个自由度，从而实现一个完整的机械手臂。

(2)自动选茶装置由一个标准伺服电动机驱动，且用语言模块控制伺服电动机旋转方向。

4.2.4　电动机驱动模块

驱动模块由四个驱动轮模块组成。驱动轮模块就是将轮子通过联轴器安装在圆周运动的电动机的输出头上，它的输出转矩、转子转动的角速度、转动方向与电动机一致。

4.2.5 显示模块

根据茶杯被拿走的次数触发传感器进行计数，通过OLED模块显示次数。

▦ 实践活动

活动1：任务分工

按照设计任务描述，小组成员进行合理分工。填写表4-2-1。

表 4-2-1　学生任务分配表

班级		组号		指导教师	
组长		学号			
组员		姓名	学号	姓名	学号
任务分工：					

活动2：制定设计方案

智能泡茶机器人设计的目的是实现自动控制泡茶的功能。因此，要把泡茶的基本操作流程，采用相应的电子模块控制系统实现。这一系统可以分解成选茶系统、夹爪系统、加水系统、送茶系统及OLED显示部分，利用机械伺服、语音识别技术，实现对冲泡各种茶叶的自动控制。夹爪系统包括用于放置茶杯的底座、用于固定安装水壶的支撑架，支撑架固定在安装底座上，通过机械手爪支撑架固定水壶完成加水操作。

引导问题1：泡茶机器人应具有哪些功能？

_____

_____

_____

_____

引导问题 2：智能泡茶机器人设计需要选取哪些电子模块实现功能？

_____

_____

_____

引导问题 3：如何实现智能泡茶机器人的选茶、自动调节放茶量功能？

_____

_____

_____

_____

引导问题 4：如何实现智能泡茶机器人的茶壶抓取、移动？

_____

_____

_____

_____

引导问题 5：如何实现智能泡茶机器人的加水、沏茶功能？

_____

_____

_____

_____

引导问题 6：如何实现智能泡茶机器人的送茶功能？

_____

_____

_____

_____

引导问题 7：如何实现智能泡茶机器人的泡茶杯数自动计数功能？

_____

_____

_____

_____

引导问题 8：如何合理安排布置智能泡茶机器人的整体装置？

_____

_____

_____

_____

基于上述分析，制定设计方案，填写表 4-2-2。

表 4-2-2　设计方案表

设计要素	说明
目标和任务	
选茶系统	
夹爪系统	
加水系统	
送茶系统	
OLED 显示	
系统集成和测试	
备注	

表 4-2-2 所示是泡茶机器人设计方案表，可以根据实际需求和情况，进一步添加细节和调整。

活动 3：设计与实施

按照前期准备制定设计智能泡茶机器人计划，计划包括智能泡茶机器人设计的硬件设计、器件选取、智能泡茶机器人整体装置搭建、智能泡茶机器人编程控制功能调试。完成表 4-2-3、表 4-2-4 内容。

1. 智能泡茶机器人的组成器件

选取智能泡茶机器人的组成器件，填写表 4-2-3。

表 4-2-3　工具和器件清单

序号	名称	型号与规格	单位	数量	备注

2. 智能泡茶机器人工作流程

智能泡茶机器人工作流程如图 4-2-1 所示。首先系统初始化，语音模块接收信号，以此对选茶系统进行控制，由机械臂和夹爪系统完成指令，由送茶系统完成循迹、避障、定点功能。最后对整体的功能进行实验调试，对程序相关数值进行修改，使机器人的运行更加精准到位。

具体主控板主要调用函数控制舵机控制模块，利用 RX、TX 串口实现与语音模块、舵机控制模块之间的通信。主控板接收语音模块传来的信息后，通过与舵机控制与该语音对应的动作组。开关通电，语音控制选传感器检测茶杯是否置于杯架。检测选茶完成后，机械臂抬起固定角度，夹爪抓取置物架茶杯，机械臂运作至茶杯上。

完成加水动作后，机械臂返回置物架，放回茶壶。由三个灰度传感器进行循迹，送至指定地点。如果中途遇到障碍，超声波传感器会让机器人停止，待障碍物清除后继续运行至目标点，近红外传感器检测杯架无物后，机器人返回初始点待命。

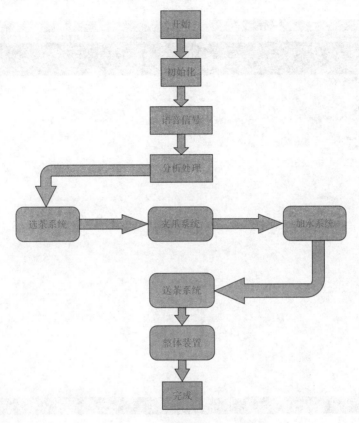

图 4-2-1　智能泡茶机器人工作流程

3. 智能泡茶机器人本体搭建步骤

说明机器人本体搭建步骤，填写表 4-2-4。

表 4-2-4　机器人本体组装过程

机器人本体组装步骤：

4. 智能泡茶机器人软件设计

本作品的程序主要运用 Arduino 软件进行 C 语言和图形化设计和编写。最后对整体的功能进行调试，总结经验，收集数据后，对程序相关数值进行修改，使机器人的运行更加精准到位。部分用软件编写的程序如图 4-2-2 所示，图形化编程软件如图 4-2-3 所示。

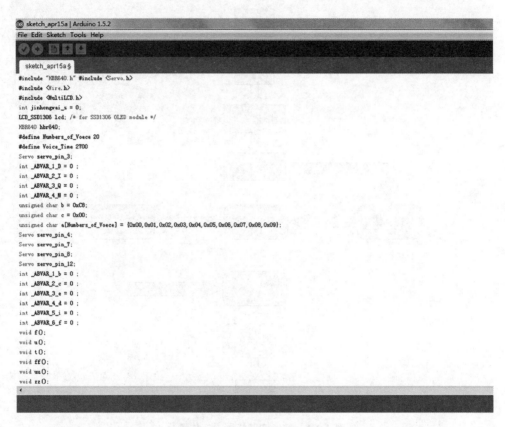

图 4-2-2　C 语言编程界面

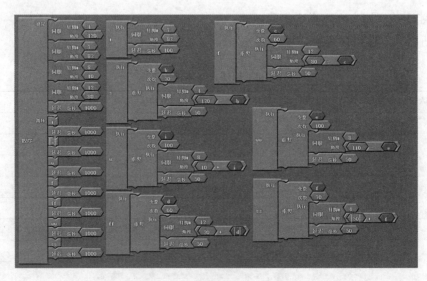

图 4-2-3　图形化编程界面

按照智能泡茶机器人实现的功能编写控制程序。请将编写程序写在下面的画线处。

_____

_____

_____

_____

_____

_____

活动 4：测试与改进

对泡茶机器人进行功能测试，填写表 4-2-5，说明功能测试结果及优
化改进方案。

泡茶机器人设计案例

表 4-2-5　测试与改进表

功能测试结果：
优化改进方案：

评价反馈

各小组展示作品，介绍任务的完成情况，完成表 4-2-6、表 4-2-7。

表 4-2-6　学生自评价表

任务	完成情况记录
任务是否按计划时间完成	
相关理论完成情况	
技能训练情况	
任务完成情况	
任务创新情况	
材料上交情况	
收获	

表 4-2-7　师生评价表

序号	评价项目	小组互评	教师评价	总评
1	学习准备			
2	引导问题填写			
3	规范操作			
4	完成质量			
5	关键操作要领掌握程度			
6	完成速度			
7	6S管理、环保节能			
8	参与讨论主动性			
9	沟通协作			
10	展示汇报			

任务 4.3　汉字书写机器人设计

学习目标

知识目标

掌握常用的传感器模块选择及应用方法；

掌握机器人系统搭建分解任务的策略；

掌握机器人实验验证和评估设计的有效性的方法。

能力目标

能自主选取机械零件及电子模块；

能完成汉字机器人设计，实现书写功能；

能结合实际场景进行产品设计测试及改进。

素质目标

培养正确对待知识的态度和价值观；

遵循科学规范，重视数据的真实性和实践的可重复性；

培养独立思考和团队合作能力。

任务描述

　　设计能自动语音识别的书写汉字的机器人，利用机器人创新平台的机械零件和电子模块，使用适当的编程语言和开发环境编写控制程序，通过语音识别对四自由度机械手臂和其他传动装置发送书写命令，使其紧密配合指令书写不同的汉字或字母。

知识点拨

汉字书写机器人设计核心为四自由度机械臂，可运用舵机、步进电动机、丝杠光杠以及各种模块组装一台四自由度机械臂书写系统，并运用 Arduino 软件编写语言载入 Mehran 主控板以及 BigFish 和 SH-ST 拓展板，控制四自由度机械臂写出汉字。

4.3.1 Mehran 主控板

Mehran 是一块基于 Atmel SAM3X8E CPU 的微控制器板，如图 4-3-1 所示。它有 14 个数字 I/O 口（其中 12 个可用于 PWM 输出）、6 个模拟输入口、1 路 UART 硬件串口、84 MHz 的时钟频率、1 个 USB OTG 端口、1 个供电插口、1 个复位按键和 1 个擦写按键。电路板上已经包含控制运行所需的各种部件，仅需要通过 USB 连接到计算机或者通过 AC-DC 适配器、电池连接到供电插口就可以让控制器开始运行。Mehran 兼容工作在 3.3 V 且引脚排列符合 Arduino 标准的 Arduino 扩展板。

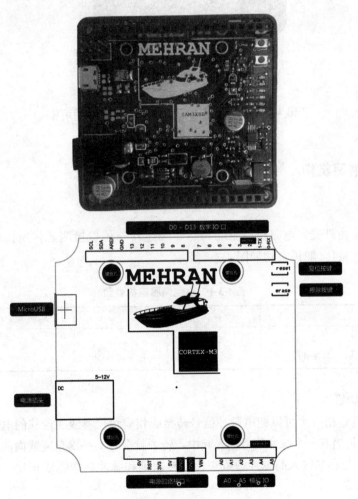

图 4-3-1　Mehran 主控板实物图片与引脚接口分布

4.3.2 SH-ST 扩展板

SH-ST 扩展板也支持 A4988 控制，因此 SH-ST 拓展板也能够作为雕刻机、3D 打印机等的驱动器拓展板，如图 4-3-2 所示。一共有 4 路步进电动机驱动器模块的插口，共能够操控 4 路步进电动机，而每一路步进电动机也就要求一个 I/O 口，也就是说，6 个 I/O 口就能够很好地负责管理三路步进电动机，因此应用起来十分简单，告别了管理步进电动机的烦琐。

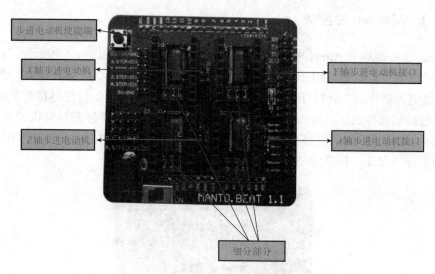

图 4-3-2　SH-ST 扩展板实物图片与引脚使用示意

4.3.3 书写机构

1. 舵机

舵机主要是由外壳、电路板、驱动马达、减速器与位置检测元件所构成。小型伺服电动机参数见表 4-3-1。舵机实物如图 4-3-3 所示。

表 4-3-1　小型伺服电机参数

参数	转速	扭力		转动角度	额定电压
标准 舵机	0.13 s/60°	2.9 kg·cm	40.30 磅·英寸①	±90°	6 V

2. 步进电动机

步进电动机是指一个可以把电脉冲信号转换成相应角位移或线位移的电动机，其实物如图 4-3-4 所示。每当有一个脉冲信号输入其中，转子就会转动一次角度或向前进一步，它所输出的角位移或线位移和输入的脉冲数成正比，转速则和脉冲频率也成正比。因此，步进电动

---

① 1 磅·英寸＝0.113 N·m。

机也称为脉冲电动机。步进电动机参数见表4-3-2。本设计中步进电动机用于控制丝杠驱动。

图 4-3-3 舵机实物   图 4-3-4 步进电动机实物

表 4-3-2 步进电动机参数

参数	额定电压	步距角	扭矩	尺寸
步进电动机	12 V	1.8°	0.45 N·m	42 mm×42 mm

3. 丝杠光杠

丝杠由步进电动机带动旋转，使固定于丝杠上方的机械臂可以大范围内往复运动，而一旁的光杠可以使机械臂稳定运行，如图4-3-5所示。

图 4-3-5 丝杠光杠实物

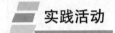
实践活动

活动1：任务分工

按照设计任务描述，小组成员进行合理分工，填写表4-3-3。

表 4-3-3 学生任务分配表

班级		组号		指导教师	
组长		学号			
组员	姓名	学号	姓名	学号	
任务分工：					

活动2：制定设计方案

基于上述分析，制定设计方案，填写表4-3-4。

表4-3-4　设计方案表

设计要素	说明
目标和任务	
机械手臂	
语音模块	
传动系统	
装置搭建	
程序编写	
系统集成和测试	

小提示

每个汉字的书写笔画和力度都是不同的，并且机械臂在书写汉字时，并不能一气呵成，需要多次抬笔和运笔。因此，要满足汉字书写的需要，可采用四自由度机械臂实现书写控制。可用 Basra 主控板控制四自由度机械臂用毛笔书写在宣纸上，形成颇有风格的汉字。

目前市面上的机械臂大部分是纯合金构件，因此有更高的使用寿命，但是，由于其造价高昂，很难做到大量生产，并且其重量不小，从而导致便携性大大降低。所以，本设计从经济角度以及便携性上考虑，建议搭建材料选用 1 mm 厚的镁铝合金制作的套件以及 3D 打印出的树脂材料等。镁铝合金因为其硬度高、价格低可以作为本作品的主要支撑部位，而树脂材料因为其重量小，便携轻便、韧性好可作为机械臂的主要材料。两种材料进行组合不仅解决了价格高昂的问题，也因其中加入了树脂材料使机械臂重量大大降低，不仅可以增加其便携性，也让机械臂在书写作业中可更加灵活地运作。

活动3：设计与实施

按照制定计划设计汉字书写机器人，包括汉字书写机器人的硬件设计、器件选取、整体装置搭建、编程及控制功能测试，完成表4-3-5、表4-3-6内容。

1. 描述汉字书写机器人的工作过程

引导问题1：简述汉字书写机器人的基本工作流程。

_____

_____

_____

引导问题2：具体描述汉字书写机器人的工作运行过程。

_____

_____

_____

引导问题3：汉字书写机器人设计控制逻辑编程思路。

_____

_____

_____

2. 选取汉字书写机器人的组成器件

选取智能泡茶机器人的组成器件，填写表4-3-5。

表 4-3-5　工具和器件清单

序号	名称	型号与规格	单位	数量	备注

3. 搭建汉字书写机器人的本体

基座包括书写面板和机械臂支撑面板。书写面板上方可设置为步进电动机和丝杠光杠组合的传动系统。因考虑手臂的重量和书写效率，舵机连接件需自行设计优化。

表 4-3-6 机器人本体组装过程

机器人本体组装步骤：
机构设计创新点：

4. 编写书写汉字控制程序

自行编写程序，烧录至主控板，进行功能测试。

（1）画出编写汉字书写机器人程序的流程图。

（2）试编写实现"大"字书写控制程序。请将编写程序写在下面的画线处。

206

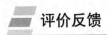
机器人书写汉字时，首先由步进电动机来控制机械臂做横向移动以书写出横向笔画，其次通过机械臂四个舵机之间紧密配合以书写竖向以及曲线笔画。

机械臂在未收到任何指令时，会以一种最为平稳的状态居中在书写面板中待机等待语音指令。

机械臂收到语音控制指令写"×"字时，步进电动机会控制丝杠光杠组合使机械臂移动，而后在四个舵机的紧密配合下，毛笔缓缓落下，当毛笔落于合适位置时，步进电动机控制丝杠光杠组合使机械臂移动，书写完成"×"字第一笔。

第一笔书写完毕后，四个舵机控制机械臂抬起，而后步进电动机控制丝杠光杠组合使机械臂移动至第二笔的位置上方，四个舵机控制机械臂使毛笔头落于第二笔的位置，最后步进电动机控制丝杠光杠组合使机械臂移动，书写完成"×"字第二笔。

最后一笔书写完毕后，四个舵机和步进电动机共同控制机械臂回到初始位置等待下一个语音指令。

活动4：测试与改进

对汉字书写机器人进行功能测试，填写表4-3-7，说明功能测试结果及优化改进方案。

表4-3-7　测试与改进表

功能测试结果：
优化改进方案：

评价反馈

各小组展示作品，介绍任务的完成情况，填写评价表4-3-8。

表 4-3-8 教师评价表

序号	评价项目	小组互评	教师评价	总评
1	学习准备			
2	引导问题填写			
3	规范操作			
4	完成质量			
5	关键操作要领掌握程度			
6	完成速度			
7	6S管理、环保节能			
8	参与讨论主动性			
9	沟通协作			
10	展示汇报			

任务 4.4　素养提升

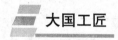
大国工匠

中国机器人之父——蒋新松

　　被称为中国机器人之父的蒋新松是中国的战略科学家。蒋新松一生为国家填补了机器人领域的多项空白，为我国自动化领域飞速发展做出了巨大贡献。1982 年，中国第一台工业机器人在蒋新松任所长的中国科学院沈阳自动化研究所诞生。1985 年，蒋新松院士任总设计师的中国第一台水下机器人"海人一号"首航成功。1995 年，"海人一号"无缆水下机器人由广州启程赴太平洋进行深潜 6 000 m 试验。当"海人一号"取得的海底清晰照片传回试验船上时，甲板上响起了一片欢呼声，中国海洋机器人终于冲破技术封锁，从容地漫步在太平洋海底世界。

　　中国机器人之父、中国战略科学家蒋新松，为中国机器人事业发展呕心沥血，奋斗终生。他一生秉持着对祖国和科学无比挚爱的深厚情感，矢志不移，为国家科技事业发展做出了巨大贡献。

参考文献

[1] 冀大雄. 水下机器人先进导航技术[M]. 北京：科学出版社，龙门书局，2019.

[2] 周珂，白艳茹. 小型智能机器人制作[M]. 北京：清华大学出版社，2019.

[3] 码高机器人教育. 乐高机器人：WeDo 编程与搭建指南[M]. 北京：机械工业出版社，2018.

[4] 码高机器人教育. 乐高机器人：我的中国节日[M]. 北京：机械工业出版社，2019.

[5] 王成端. 仿生机器人[M]. 北京：科学出版社，2019.

[6] 朱定局. 生物机器人[M]. 北京：作家出版社，2019.

[7] 高德东. 大话机器人[M]. 北京：机械工业出版社，2019.

[8] 蒲国林. 机器人探索[M]. 北京：科学出版社，2019.

[9] 全国机器人标准化技术委员会，中国标准出版社. 机器人与机器人装备标准汇编（2022）[M]. 北京：中国标准出版社，2022.

[10] 张森. 哇塞！机器人[M]. 北京：电子工业出版社，2018.

[11] 笑江南. 植物大战僵尸 2 机器人漫画 机器人迷宫[M]. 北京：中国少年儿童新闻出版总社，2018.

[12] 谢莉. 走进机器人虚拟世界——萝卜圈虚拟机器人学习与探索[M]. 武汉：武汉大学出版社，2018.

[13] 杜君立. 现代简史：从机器到机器人[M]. 上海：上海三联书店，2018.

[14] 尹海斌，钟国梁，李军锋. 机器人刚柔耦合动力学[M]. 武汉：华中科技大学出版社，2018.

[15] 杨超元，谢竺钊，王春勤. Scratch 机器人编程[M]. 北京：科学出版社，2018.

[16] 刘金伟，陈勇. 仿生服务机器人与医疗康复机器人[M]. 北京：中国水利水电出版社，2017.

[17] 张涛. 机器人引论[M]. 2 版. 北京：机械工业出版社，2021.

[18] 杨子恩平. 机器人时代[M]. 北京：北京日报出版社，2017.

[19] 罗庆生，罗霄. 我的机器人——仿生机器人的设计与制作[M]. 北京：北京理工大学出版社，2016.

[20] 臧海波. 机器人制作入门[M]. 3 版. 北京：人民邮电出版社，2016.

[21] 刘芳栋，林伟，朱建良，等. 机器人＋：正在席卷全球的机器人革命[M]. 北京：中国铁道出版社，2016.

[22] 罗军. 机器人 2.0 时代：国家机器人产业发展路线图[M]. 北京：东方出版社，2016.

[23] 刘映群，解相吾. 机器人创新与实践教程——基于 MT-U 智能机器人[M]. 北京：机械工业出版社，2016.

[24] 肖南峰，等. 机器人大脑[M]. 北京：科学出版社，2016.

[25] 乐卡机器人创新培养丛书编委会. 奇妙机器人之旅——机械镇危机[M]. 北京：清华大学出版社，2016.

[26] 码高机器人教育. 乐高机器人设计及搭建绝妙技法[M]. 北京：机械工业出版社，2016.

[27] 王鸿鹏，马娜. 中国机器人[M]. 沈阳：辽宁人民出版社，2016.

[28] 毛勇. 机器人的天空——基于 Arduino 的机器人制作[M]. 北京：清华大学出版社，2014.

[29] 刘波. 玩转机器人：巡线竞速机器人的原理与制作[M]. 南京：江苏教育出版社，2014.

[30] 景维华，曹双. 机器人创新设计——基于慧鱼创意组合模型的机器人制作[M]. 北京：清华大学出版社，2014.

[31] 王勇英. 机器人插班生 1：我的同学是机器人[M]. 南京：译林出版社，2013.

[32] 钟秋波，童春芽，刘良旭. 机器人程序设计——仿人机器人竞技娱乐运动设计[M]. 西安：西安电子科技大学出版社，2013.

[33] 肖南峰. 服务机器人[M]. 北京：清华大学出版社，2013.

[34] 杨华. 机器人[M]. 北京：现代出版社，2013.

[35] 臧海波. 仿生机器人制作入门[M]. 4 版. 北京：人民邮电出版社，2017.

[36] 陈黄祥. 智能机器人[M]. 北京：化学工业出版社，2012.

[37] 高帆. 机器人逃亡了[M]. 长春：吉林人民出版社，2012.